# EL SONIDO DEL CREADOR

Por su palabra fueron hechos los cielos y la tierra,
por el sonido de su voz.

*Sebastián Zapata*

# CONTENIDO

# PREFACIO

Se puede decir que desde el siglo XVI, ha existido un conflicto entre la ciencia y la fe. Fue en esta época que ocurrió la revolución de Copérnico, la que causó la transición del modelo geocéntrico, que describía que la tierra era el centro del universo y que todas las estrellas, cuerpos y planetas giraban alrededor de ella; al modelo heliocéntrico, que afirma que es el sol alrededor del cual giran los planetas incluida la tierra.

Las diferencias entre ciencia y fe se han hecho notorias desde la edad media, cuando la iglesia señalaba de herejes, e incluso condenaba a muerte a quienes se atrevían a anteponer el conocimiento y la razón, a la interpretación literal de la Biblia; hasta la actualidad, en la que a pesar de que las acciones ya no son tan hostiles, aún se siguen atacando entre ambas posturas.

Los conceptos de ciencia y de fe, parecen estar en contraposición; por un lado la ciencia mantiene la creencia en las verdades matemáticas absolutas, que no dependen de la opinión o la perspectiva de alguien en particular; y la demostración de hipótesis por medio de hechos medibles y cuantificables; mientras que la fe defiende ideales, muchos de ellos sobrenaturales y que no necesitan una explicación basada en la razón, pues cree en que hay cosas superiores a nuestro entendimiento que debemos creer aunque no las podamos razonar. Sin embargo muchos científicos a lo largo de la historia han profesado sus creencias religiosas, al mismo tiempo que defienden los conceptos científicos a los que han dedicado su vida a estudiar; tal es el caso de Galileo Galilei, quien fue el protagonista de la disputa más famosa entre la iglesia y la ciencia, por defender la teoría heliocéntrica; y el que pronunció las palabras: "*Las matemáticas son el lenguaje con que Dios escribió el universo*". También es el caso de Isaac Newton, Charles

Darwin (quien curiosamente aporto a la teoría de la evolución, la cual para muchos creyentes es un claro ejemplo de cómo la ciencia se opone a la fe, aun cuando ni siquiera entienden bien de que se trata dicha teoría), incluso Albert Einstein expresaba creencias de fe. Blaise Pascal, físico, filosofo y cristiano dijo que cualquier persona racional debería creer en Dios, pues si tiene razón tiene todo que ganar, y si se equivoca no tiene nada que perder.

Actualmente siguen habiendo científicos que profesan sus creencias religiosas; principalmente cristianos, pero también de otras religiones como el islam o el hinduismo. Particularmente entre finales del siglo XIX y principios del XX hubo un matemático hindú, llamado Srinivāsa Aiyangār Rāmānujan quien afirmaba que los dioses se le manifestaban por medio de expresiones matemáticas, y estas a su vez le revelaban sus secretos; además es de destacar que sus descubrimientos matemáticos más adelante fueron aportes muy valiosos, pues en su mayoría se han demostrado como validos y han servido en diversos campos de investigación. Es evidente que muchos han logrado romper el paradigma de que ciencia y religión no se llevan, y ellos mismos han profesado al mismo tiempo ciencia y fe.

Es pues mi motivo al escribir este libro, presentar una mirada alternativa que permita de alguna manera conciliar las diferencias entre ciencia y religión; pues considero que las acusaciones que se hacen de cada parte, se hacen sin el debido conocimiento de la otra parte. Mientras muchos de los creyentes, en repetidas veces acusan a la ciencia de herejía y de negar a Dios y su palabra; una buena parte de científicos también acusa a los creyentes de ser fantasiosos y de profesar creencias irracionales; los primeros casi siempre sin una educación mínima sobre conceptos científicos, y solo especulando sobre lo que los medios publican, desinformando a la gente sobre lo que verdaderamente es la ciencia; y los segundos sin haber tenido una experiencia de fe, y sin entender que no es irracional reconocer nuestra posición limitada en el universo, y que hay ciencias que trascienden la percepción y la capacidad de nuestras mentes finitas.

Como ingeniero y científico empírico, a la vez que con una fuerte convicción de mi fe cristiana, he plasmado en este libro diferentes perspectivas sobre aspectos tanto científicos, como teológicos; a veces tratando a la ciencia desde la fe, y a veces a la fe desde la ciencia. Principalmente he tratado de llegar a un consenso entre ambas perspectivas, partiendo de un cuestionamiento que es común entre ellas: el por qué, cuando y cómo de la creación. Como es lógico, ciencia y fe abordan este cuestionamiento de formas muy diferentes; pero he tratado de encontrar los aspectos comunes que tienen para unificar de algún modo ambas percepciones; además he sido muy cuidadoso de que en ningún momento una postura pueda contradecir a la otra de ninguna manera.

Soy consciente de que muchos lectores no estarán familiarizados con algunos de los conceptos científicos que aquí trato, mas confío en que esto no les será impedimento para entender la esencia de lo que pretendo dar a entender. Para aquellos que si tengan nociones sobre estos temas científicos, e incluso para aquellos que como yo, tienen la suficiente curiosidad como para adentrarse en estos conceptos, aunque no hayan tenido un acercamiento previo a ellos, les resultara bastante útil el hecho de que he incluido las ecuaciones matemáticas que describen las diferentes teorías y leyes a las que hago referencia a lo largo del texto. También he anexado en los apéndices al final, una explicación más extendida de estos conceptos, para aquellos que quieran tener una referencia más completa.

Con todo esto no debe preocuparle al lector, el que no tenga un acercamiento al calculo, a la física o a la ciencia en general, pues estoy seguro de que las ideas aquí expuestas serán capaces de superar las condiciones intelectuales en las que se encuentre cualquier persona que pueda leer este libro, pues en la esencia de dichas ideas se encuentra un elemento espiritual que es capaz de romper cualquier tipo de barrera, sea intelectual, social o cultural.

Como lo dijera el filosofo Platon, creo que las matemáticas pertenecen a un mundo de verdades absolutas que trascienden nuestra mente y nuestro entendimiento. Nadie puede discutir en contra de hechos matemáticos, pues estos no dependen de la opinión de nadie. Nadie puede refutar que 2+2 es igual a 4, pues esta es una verdad absoluta, que entre otras cosas no fue inventada por nadie, si no que existía desde el momento mismo en que el universo fue creado, incluso desde antes de que alguna persona se diera cuenta por primera vez que 2+2 es igual a 4; la verdad de las matemáticas, trasciende nuestra percepción. Es por esto que considero importante incluir las ecuaciones que describen los hechos científicos; porque no es lo mismo hablar de ideas sueltas, que sustentarlas con una base tan solida como la de una verdad que es independiente de nuestra forma particular de pensar, además de tener en si misma una naturaleza espiritual.

En cierta ocasión me preguntaba a mi mismo sobre la diferencia entre lo material y lo espiritual; esta pregunta había venido a mi de una manera muy espontánea, y parecía increíble que nunca me hubiera percatado de esta cuestión aparentemente obvia hasta que decidiera profundizar en ella. La mayoría de nosotros, tal vez nunca nos preguntamos sobre esto porque la respuesta parece muy obvia, pero basta pensarlo solo un poco para darnos cuenta de que no es así. La respuesta más sencilla que alguien podría dar, sin meditar mucho tiempo en el asunto, seria que lo material es tangible, y lo espiritual intangible;

sin embargo, hay aspectos físicos intangibles a los que ninguno de nuestros sentidos reacciona; por ejemplo la luz, tan familiar y tan cotidiana, solo una parte de su espectro es visible a nuestros ojos, y solo es una pequeña parte de todo lo que comprende la luz, mientras que la luz infrarroja, las ondas de radio, la radiación ultravioleta, los rayos X, entre otros; son totalmente imperceptibles para nosotros los seres humanos; ¿diríamos entonces que son espirituales?. En la física se considera el concepto de "energía", mas se divaga sobre su definición; es decir, sabemos que la energía existe, que obra en el mundo físico, que tiene propiedades de desplazar, transformar y afectar de diversas maneras el mundo físico; se habla de diferentes tipos de energía: térmica, eléctrica, eólica, etc. Pero no se tiene claro qué es la energía en si misma; además es totalmente intangible, pues no sentimos la energía propiamente, solo sentimos sus efectos en el mundo físico; ¿es entonces la energía, una entidad espiritual?.

Todas estas preguntas daban vueltas en mi cabeza, luego recurrí a un versículo Bíblico que se encuentra en 2 Corintios 4: 18: "no mirando nosotros las cosas que se ven, sino las que no se ven; pues las cosas que se ven son temporales, pero las que no se ven son eternas". Haciendo referencia a las cosas espirituales como "invisibles y eternas", podemos tener una concepción más clara de lo que "espiritual" significa; por ejemplo la luz, en un contexto material, no se puede considerar espiritual porque fue creada, por lo tanto no es eterna; sin embargo también podemos hablar de la luz en un contexto espiritual, pero ahora no entrare en ese tema. Por otro lado la energía, podría ser eterna, y entonces podríamos considerarla espiritual, pero no es cien por ciento seguro. Sin embargo hay una entidad, de la cual yo personalmente me atrevo a afirmar sin temor a equivocarme, que es espiritual.

Como ya lo mencione, Platon se refería a las matemáticas como un mundo más allá del mundo físico, e incluso más allá de nuestra propia mente, pues creía que las matemáticas eran verdades absolutas y eternas que no dependían de la percepción de nadie, ni mucho menos de las opiniones o formas diferentes de pensar de cada persona. Las matemáticas son invisibles; yo por mi parte nunca e visto una suma o una multiplicación, pero si podemos representar estas verdades mediante símbolos que representan tanto a los números como a las operaciones entre ellos; además es un error pensar que estos símbolos son las propias matemáticas, cuando solo son representaciones de ellas. No solo no podemos ver las matemáticas (al menos con nuestros ojos físicos), si no que también son esquivas al resto de nuestros sentidos; pero a pesar de esto, podemos dar fe de que las conocemos, hasta cierto punto las entendemos, y nadie niega que existan y que describan hechos verídicos.

Las matemáticas son espirituales, por que son "invisibles y eternas" y aun así describen la realidad con una precisión asombrosa, y parecen gobernar el comportamiento y la evolución de todo lo que existe, independientemente de nuestra percepción u opinión. Es por esto que creo importante incluir un lenguaje matemático, pues aunque no tengamos pleno entendimiento de este, su naturaleza espiritual logra ir más allá de nuestra cognición, y puede servir de guía en nuestra búsqueda de la verdad.

Cuando Galileo Galilei dijo que "*Las matemáticas son el lenguaje con que Dios escribió el universo*", estaba introduciendo la idea de que Dios tiene una forma elegante de hacer las cosas, pues aún siendo todopoderoso, y pudiendo hacer las cosas de cualquier manera, o simplemente de la forma más fácil; Él decide llevar a cabo un proceso, una serie de pasos medidos y cuantificados, aunque no en las unidades de medidas ni en las escalas de cuantificación humanas, si no en las que existen en su propia naturaleza. Esas medidas y cuantificaciones existen en el mundo matemático; un mundo que no comprendemos a cabalidad, del que solo hemos podido arañar la superficie, pero que Dios si conoce bastante bien, y lo usa para “escribir el universo”.

Algunos tal vez tengan la costumbre de pensar que hay cosas que simplemente no tienen explicación, que no debemos cuestionarnos sobre el porque de estas cosas, y que solamente debemos creer, por que así es la fe; pero es precisamente este pensamiento lo que pone a la fe en contraposición a la ciencia; mas como lo acabo de explicar, la fe también puede tener un fundamento medible y cuantificable, solo que en números que nuestra mente aún no alcanza a comprender.

Galileo también pronunció: *“No me siento obligado a creer que un Dios que nos doto con inteligencia, sentido común y raciocinio, tuviera como objetivo privarnos de su uso”.*

# PRÓLOGO

A mediados del primer siglo de la era común, un grupo de hombres y mujeres promulgaban las nuevas noticias, de que un hombre a quien reconocían como el hijo de Dios, había venido para traer libertad a su pueblo, habiendo sido clavado en una cruz de madera como acto de sacrificio para expiación de los pecados de los hombres; este seria el mesías prometido a los judíos. Sin embargo muchos de los propios judíos no aceptaban que este fuera llamado "Hijo de Dios", y mucho menos el mesías prometido. Uno en especial, llamado Saulo, nativo de una ciudad llamada Tarso, en la provincia de Cilicia, instruido desde pequeño en las costumbres judías, en la ciudad de Jerusalén; guardaba con celo sus creencias ortodoxas, y se dedicaba con gran fervor a perseguir a todos aquellos que divulgaban las nuevas ideas sobre el supuesto mesías y el nuevo evangelio.

En una ocasión, Saulo iba de camino hacia Damasco, con el fin de entrar en las sinagogas donde se reunían los seguidores del mesías, y traerlos presos a Jerusalén; pero en el camino fue sorprendido por un resplandor tan fuerte que que lo hizo caer al suelo, y luego una voz le dijo: Saulo, Saulo ¿por qué me persigues?; Saulo, consternado por lo que estaba sucediendo, pregunto desde el suelo: ¿Quien eres Señor?; y una vez más la voz hablo y dijo: Yo soy JESÚS a quien tu persigues. Luego de esto, Saulo se levanto del suelo, dándose cuenta que no podía ver, pues el resplandor lo había cegado, de modo que los hombres que lo acompañaban lo ayudaron para guiarlo, y siguiendo las ordenes de JESÚS entraron en la ciudad, donde luego se encontraron con Ananías, un discípulo del mesías, el cual previamente también avisado por JESÚS, fue y oró por Saulo e impuso sobre el las manos para que recobrara la vista. Desde ese momento Saulo fue un fiel seguidor del evangelio de JESÚS, y fue de gran impacto en la propagación de este en el mundo.

Saulo, que también es llamado Pablo (el cual es su nombre romano), tenia raíces hebreas, había sido educado en las costumbres judías, había nacido en una ciudad helenística (griega), y había sido nacionalizado romano. Estas características hicieron de Pablo una figura influyente tanto en la cultura judía, como en la griega y la romana.

Se dice que cada una de los pueblos, judíos, griegos y romanos; buscaban una entidad máxima; un elemento o un estado que para ellos significaba el nivel más alto y perfecto en el universo; alcanzar ese estado era el fin hacia al que apuntaban todos sus ideales, todas sus creencias y costumbres. Para los judíos, la luz (en hebreo אור, "OR"); para los griegos el conocimiento (en griego λογος, "LOGOS"; que literalmente significa 'razón'); y para los romanos la gloria (en latín, GLORIA).

Cada uno de estos conceptos o elementos, tenían un profundo significado para estas culturas. La OR (אור) para los hebreos, significaba la esencia de la creación, el primer elemento hecho por el Creador, aquello que marca una diferencia, aquello que se destaca en medio de todo lo demás, la que muestra el camino, la que ilumina, que sirve de referente y de guía para el mundo; el propio señor Jesús dijo: yo soy la luz. Por otro lado, para los antiguos griegos el LOGOS (λογος), cuyo significado literal es 'palabra', 'razón' o 'razonamiento' o también 'inteligencia' o 'conocimiento'; significaba una entidad trascendente a todo lo existente. Heráclito, filosofo nativo de Éfeso, se refería al LOGOS como un elemento que penetra la totalidad del cosmos y que esta presente en el alma humana, y a la vez esta "razón" es la que nos debe guiar en nuestra conducta y conocimiento. En su *Teoría del Ser,* Heráclito describe al LOGOS como *"la Inteligencia que dirige, ordena y da armonía al devenir de los cambios que se producen en la guerra que es la existencia misma"*; además también expresa que cuando algo o alguien pierde el sentido de su existencia se aparta del LOGOS. Podemos decir entonces que el fin de la filosofía, es el LOGOS. En el evangelio de Juan se presenta a Dios como el LOGOS, y como la causa, principio, y razón del universo: "εν αρχη ην ο **λογος** και ο **λογος** ην προς τον θεον και θεος ην ο **λογος**", en el principio el LOGOS y el LOGOS para Dios y Dios en el LOGOS. (Juan 1. 1, en griego y en español). Finalmente se podría decir que la cultura romana giraba en torno a la GLORIA; los romanos lograron importantes avances que hacen eco hasta la actualidad, incursionando en las ciencias y en la tecnología; ellos construyeron las primeras grandes ciudades, fueron los primeros en usar un sistema de acueducto que distribuyera el agua en sus metrópolis, también fueron pioneros en la construcción de caminos de piedra, que agilizaban la movilización de sus grandes ejércitos, y con su fuerza militar, Roma llego a ser uno de los imperios más grandes de la historia, extendiéndose desde Gran Bretaña hasta el Sahara, y desde la península Ibérica (España) hasta el medio oriente (Mesopotamia). Es evidente que los romanos querían alcanzar la GLORIA, que los hiciera destacar de entre todos los pueblos de la tierra.

Luego de algunos viajes misioneros, Pablo en compañía de otros discípulos de Jesús lograron establecer iglesias en diferentes ciudades griegas, entre las que destacan Éfeso, Filipos, Tesalónica, Colosas, Galacia y Corinto; la iglesia de esta ultima recibió una carta de Pablo, en la que este les escribía: "Dios, que mandó que de las tinieblas resplandeciese la luz, es el que resplandeció en nuestros corazones, para iluminación del conocimiento de la gloria de Dios en la faz de Jesucristo". (RVR 1960, 2 Corintios 4. 6). Pablo, que conocía bien las culturas hebrea, griega y romana; decidió introducir el evangelio de Jesús a cada una de estas, a través del elemento que significaba el eje de sus practicas y creencias: Luz, Conocimiento y Gloria.

El texto original en griego dice: οτι ο θεος ο ειπων εκ σκοτους **φως** λαμψαι ος ελαμψεν εν ταις καρδιαις ημων προς φωτισμον της **γνωσευς** της **δοξης** του θεου εν προσωπω ιησου χριςτου. Las palabras *Phos* (φος), *Gnoseus* (γνωσευς) y *Doxis* (δοξης); se traducen al español como 'luz', 'conocimiento' y 'gloria' respectivamente. La Gnoseología, que viene del griego *Gnosis* (γνωσις, "conocimiento"), es una rama de la filosofía, que específicamente estudia la naturaleza del conocimiento; no estudia las áreas en que se aplica el conocimiento, si no al conocimiento en general, es decir que busca el "Logos" (λογος). Dicho esto podríamos transcribir el texto anterior así: "Dios, que mandó que de las tinieblas resplandeciese la 'or' (אור), es el que resplandeció en nuestros corazones, para iluminación del 'logos' (λογος) de la 'gloria' (GLORIA) de Dios en la faz de Jesucristo.

Me atrevo a decir que Pablo, fue uno de los primeros que fue capaz de unificar ciencia, y fe; pues la creencia hebrea de la luz como elemento supremo que da sentido tanto al mundo físico como al espiritual, es una concepción cien por ciento de fe; mientras que la búsqueda del conocimiento y la sabiduría por parte de los griegos, dan avisos de una ciencia primitiva; de forma similar la forma en la que los romanos anhelaban la gloria, deja ver su sed de algo superior, algo supremo que trascendiera el mundo que conocían. Pablo enlaza estos tres conceptos, afirmando que por medio de la luz, podemos alcanzar el conocimiento de una naturaleza superior y trascendente a la nuestra; en otras palabras, la fe nos puede guiar en la búsqueda de la verdad; la fe nos puede encaminar hacia el conocimiento de lo más sublime y perfecto; la ciencia también puede revelarnos la gloria de Dios, si la utilizamos con fe; la gloria de Dios puede manifestarse a nosotros por medio de la luz; es como una trinidad, en donde ninguno de los elementos lleva a ninguna parte por si solo, pero si se ponen en conjunto nos iluminan en el conocimiento de la gloria de lo divino.

Tal vez, los científicos llevan años buscando algunas respuestas con las que no han podido dar, por que no han hecho uso de la ciencia con fe; tal vez los hombres que buscan ser exitosos y reconocidos en el mundo, no se sienten satisfechos cuando lo logran porque sus victorias son vacías, porque no han reconocido al Creador que les permite alcanzar sus metas, y no distinguen la fuente de donde viene el conocimiento y la inteligencia que les hace destacar; y tal vez los creyentes no hemos logrado discernir algunos aspectos de nuestras creencias, porque no hemos aplicado la fe a nuestra inteligencia, a nuestro sentido común y a nuestro raciocinio.

# CAPÍTULO I: LA CIENCIA DE LA CREACIÓN

## LA TEORÍA DEL TODO

*"Tal conocimiento es demasiado maravilloso para mí; alto es, no lo puedo comprender. ¿A dónde me iré de tu Espíritu? ¿Y a dónde huiré de tu presencia? Si subiere a los cielos, allí estás tú; y si en el Seol hiciere mi estrado, he aquí, allí tú estás. Si tomare las alas del alba y habitare en el extremo del mar, aún allí me guiará tu mano, y me asirá tu diestra.* (RVR 1960, Salmos 139. 6-10)."

*"Yo soy el Alfa y la Omega, el principio y el fin, el primero y el último.* (RVR 1960, Apocalipsis 22. 13)."

A través de la historia, muchos físicos y científicos se han empeñado en encontrar una solo teoría que explique todas y cada una de las fuerzas que dominan el universo, una teoría del todo, que con unas cuantas ecuaciones, explique todo cuanto sucede en la creación, desde el comportamiento de las partículas subatómicas que conforman la materia y la energía, hasta el movimientos de los grandes cuerpos y astros en el espacio, como planetas, estrellas, galaxias, etc. Hasta el día de hoy dicha teoría se sigue buscando, y aunque algunas teorías han logrado descifrar muchos de los misterios del universo, aún siguen habiendo muchos aspectos inexplicables.

Nuestro universo es una estructura vastamente compleja, por lo que al principio resulta bastante difícil pensar que se pueda explicar todo con una sola teoría, una sola ecuación, un solo principio; sin embargo, después de muchas investigaciones y descubrimientos por parte de muchos científicos, se ha visto que todo lo que sucede en el universo parece tener principios similares, como un mismo patrón, que a diferentes escalas y diferentes interacciones de ese patrón, se producen los diferentes fenómenos que ocurren en toda la creación; de modo que, si se pudiera de alguna manera descifrar ese principio único que rige todo en el universo, se podría tener una teoría del todo.

En la actualidad, y después de muchos intentos por parte de los científicos para entender el universo, y para descifrar las leyes que lo controlan y ordenan todo; se han desarrollado vastas teorías que explican diversos fenómenos naturales. La física mecánica por ejemplo, explica con gran precisión el movimiento de los cuerpos en diferentes condiciones, aspectos como la velocidad, la aceleración, la fricción, la inercia, son descritos en esta rama de la física. La física de campos explica los fenómenos concernientes a la electricidad, el magnetismo, incluso algunos aspectos de la gravedad. La física de ondas explica las vibraciones en general. Otras teorías más modernas como la mecánica cuántica, explican el comportamiento de las partículas subatómicas; pero aunque se han logrado explicar muchísimos aspectos de la creación, a partir de diferentes teorías, se ha vuelto una odisea poder unificar todas las diferentes teorías, en una sola; pues ya que todo hace parte de un mismo sistema que llamamos universo, todas esas diferentes teorías deberían estar relacionadas de alguna manera.

En el año 1964 el físico británico Peter Higgs, propuso la existencia de una partícula elemental que, básicamente, era la responsable de originar la masa en el resto de las partículas, ya que sin dicha partícula, la masa como la conocemos no existiría, y las partículas se desintegrarían convirtiéndose en energía pura. A dicha partícula se le dio el nombre de Partícula de Higgs o Bosón de Higgs, incluso otros le otorgaron el apodo de "la partícula de Dios", ya que según la teoría, los Bosones de Higgs conforma un campo llamado Campo de Higgs, que se extiende a todos los rincones del universo sin quedar un solo espacio donde no esté presente este campo; esto, sumado a su capacidad de crear masa con las demás partículas fundamentales, hace que parezca una partícula con propiedades divinas, una partícula de Dios, capaz de darle forma a la creación. El 8 de octubre de 2013 se le otorgo a Peter Higgs el premio Nobel de física "por el descubrimiento teórico de un mecanismo que contribuye a nuestro entendimiento del origen de la masa de las partículas subatómicas, y que, recientemente fue confirmado gracias al descubrimiento de la predicha partícula fundamental, por los experimentos ATLAS y CMS en el Colisionador de Hadrones del CERN". En resumen la llamada "partícula de Dios" había sido descubierta experimentalmente, completando así el *modelo estándar de partículas.* ¿podrá ser este descubrimiento un indicio de la teoría del todo?.

La verdad es que este no es el único descubrimiento científico que ha dado un vislumbre de una teoría del todo, otro gran físico, tal vez mucho más familiar para nosotros, también se esforzó durante su vida para encontrar una teoría que lo explicara todo. Albert Einstein, un físico alemán de origen Judío dijo en una ocasión, luego de que un historiador le preguntara si en realidad creía en Dios o no: *"No soy ateo y no pienso que pueda decir que soy panteísta. El problema en cuestión es demasiado vasto para nuestras mentes limitadas. ¿No puedo responder con una parábola? La mente humana, no importa cuán altamente capacitada esté, no puede comprender el universo. Estamos en la posición de un niño pequeño, entrando en una enorme biblioteca cuyas paredes están cubiertas hasta el techo de libros en muchos idiomas diferentes. El niño sabe que alguien debió haber escrito esos libros. No sabe quién ni cómo. No entiende los idiomas en los que están escritos. El niño observa un plan definido en la organización de los libros, un orden misterioso, el cual, no se comprende; un orden misterioso que no entiende pero apenas sospecha sutilmente. Esa, me parece, es la actitud de la mente humana, incluso de la más grande y la más culta, hacia Dios. Vemos un universo maravillosamente organizado, obedeciendo ciertas leyes, pero solo entendemos las leyes vagamente. Nuestras mentes limitadas no pueden escrutar la fuerza misteriosa que balancea las constelaciones"* (Cit. en Viereck, George Sylvester. "Glimpses of the Great". Duckworth, 1930. p. 372-373.; También citado en Einstein: His Life and Universe por Walter Isaacson, p. 386). En esta y en muchas otras declaraciones, Albert Einstein demostraba su fe en un Creador, un ser Eterno y Supremo que diseña y controla todo cuanto sucede en su creación, y que él como *"un niño pequeño en una biblioteca"* intenta descifrar las leyes que rigen el diseño de dicha creación.

Las más destacadas teorías de Einstein sobre el funcionamiento del universo, son la teoría de la relatividad especial, y la teoría de la relatividad general, además de su tan popular ecuación $E = MC^2$ que explica cómo la materia y la energía son en realidad la misma cosa, como dos caras de una misma moneda. Dichas teorías de la relatividad junto con la mecánica cuántica (que explica el comportamiento de las partículas subatómicas), son los dos grandes pilares de toda la física moderna, y para muchos físicos y científicos son la clave para una teoría del todo, una teoría que unifique ambos pilares.

---

## LA RELATIVIDAD

*"Pero, amados, no ignoréis esto: que para el Señor un día es como mil años, y mil años como un día.* (RVR 1960, 2 Pedro 3. 8)."

*"Desde el principio tú fundaste la tierra, y los cielos son obra de tus manos. Ellos perecerán, más tú permanecerás;*

*y todos ellos como una vestidura se envejecerán; como un vestido los mudarás, y serán mudados; pero tú eres el mismo, y tus años no se acabarán.* (RVR 1960, Salmos 102. 25-27)."

En 1687, Isaac Newton, otro físico reconocido, publico en sus *Principios matemáticos de la filosofía natural,* la ley de la gravedad, que es la responsable de que los objetos caigan al suelo, del movimiento de los planetas y estrellas en el espacio, y básicamente de que los objetos con masa sean atraídos entre si. Newton explica que la fuerza de gravedad es algo inherente a los objetos con masa, es decir, cualquier cosa que tenga masa, tiene gravedad, y explica además que dicha fuerza actúa instantáneamente, sin importar a que distancia se encuentren los cuerpos. Así pues, en un ejemplo hipotético, si nuestro sol desapareciera en un instante dado, la tierra sentiría instantáneamente la ausencia de la gravedad del sol, y se saldría de su órbita.

A pesar de que Newton había descrito con gran precisión las fuerzas de la gravedad, no sabia que era la gravedad en si, y de hecho por más de 200 años nadie se atrevió a investigar sobre este misterio.

Muchos años más tarde, Albert Einstein, un joven para ese entonces desconocido, percibió que debía haber un error en las teorías de Newton sobre la gravedad. Mientras trabajaba en una oficina de patentes suiza, Einstein se había dedicado a reflexionar sobre la luz, pues mientras revisaba las patentes, se había encontrado con varias teorías sobre el comportamiento de esta, y luego de meditar mucho al respecto, había descubierto que la luz era una especie de limite cósmico, que viajaba a una velocidad de 300.000 kilómetros por segundo, y que nada, absolutamente nada, podía viajar más rápido que ella. Entonces, retomando el ejemplo hipotético en el que nuestro sol desaparece, tendríamos que tener en cuenta que la luz se demora aproximadamente 8 minutos en llegar desde el sol hasta la tierra, así que si el sol desapareciera, nos demoraríamos aproximadamente 8 minutos en darnos cuenta de esto, hasta que la oscuridad provocada por la ausencia del sol llegara hasta nuestros ojos, de modo que ¿cómo podría la tierra percibir la ausencia de la gravedad del sol, incluso antes de darnos cuenta de que el sol ya no esta?. Ya que Newton afirmaba que las fuerzas gravitacionales actuaban de forma instantánea, esto significaba que la gravedad debía viajar más rápido que la luz, lo cual, según los descubrimientos de Einstein, no era posible. Fue entonces, y después de mucho reflexionar sobre el asunto, que Albert Einstein publico en 1905 la *teoría de la relatividad especial,* y en 1915 la *teoría de la relatividad general.*

La teoría de la relatividad especial tiene dos postulados: 1. *todas las leyes de la naturaleza son iguales en todos los marcos de referencia con movimiento uniforme.* 2. *La velocidad de la luz en el espacio libre tiene el mismo valor medido para todos los observadores, es decir, la velocidad de la luz es una constante.*

El primer postulado explica que en un marco de referencia determinado, la leyes de la física siempre son iguales, sin embargo, estas mismas leyes pueden variar de un marco de referencia a otro, es decir, son relativas, o dicho en otras palabras, dichas leyes dependen de la perspectiva, dependen del observador. Por otro lado el segundo postulado afirma, que la velocidad de la luz siempre será la misma, sin importar el observador o el sistema de referencia en que se mida; es decir, resumiendo ambos postulados, que todo es relativo a un sistema de referencia o a un observador, a excepción de la luz; todo es relativo, excepto la luz, pero ¿cómo es esto posible?. Si lo ilustramos en un ejemplo, supongamos que hay un automóvil moviéndose en una dirección a unos 80 kilómetros por hora, y a su lado va un segundo vehículo moviéndose en la misma dirección a unos 100 kilómetros por hora; para un observador parado junto a la calle por donde van los autos (a 0 Km/h), el primer vehículo se mueve a 80 km/h y el segundo a 100 Km/h, pero para un observador ubicado en el interior del primer vehículo, el segundo vehículo se movería a unos 20 Km/h, mientras que su propio auto lo percibiría como quieto, a 0 Km/h. Este ejemplo muestra claramente que en sistemas de referencia distintos, las variables físicas como la velocidad cambian, ya que son relativas al observador, como lo afirma el primer postulado; sin embargo, cuando hacemos el mismo experimento con la luz, la situación es diferente. Imaginémonos un vehículo que va en cierta dirección a una velocidad de 100 kilómetros por hora, y a su lado, en la misma dirección, viaja un rayo de luz a 300.000 kilómetros por segundo. Si seguimos la lógica del ejemplo anterior, podríamos suponer que un observador parado en la calle, mediría la velocidad de la luz como 300.000 Km/s, y que el observador situado en el interior del vehículo a 100 Km/h, percibiría la luz un poco más lenta, ya que se le restaría su propia velocidad; pero para sorpresa de muchos, no es así, ya que el segundo postulado nos dice que la velocidad de la luz es constante, sin importar el sistema de referencia o el observador; así, la velocidad de la luz seguirá siendo 300.000 Km/s, tanto para un observador parado en la calle, como para un observador en un auto a 100 Km/h, como para un observador en una nave espacial a miles de kilómetros por hora, y así sucesivamente, la luz permanecerá invariable; incluso, alguien podría pensar, que si de alguna manera una persona lograra ir a la misma velocidad de la luz, podría ir acompañado de un rayo de luz a su lado, pues ambos, la persona y el rayo, van a la misma velocidad, pero no sucedería así, sino que el rayo lo adelantaría, y si este observador decidiera medir la velocidad de la luz, vería que sigue siendo 300.000 Km/s.

Einstein descubrió que la única explicación posible para esto, era que el espacio y el tiempo también debían ser relativos, es decir, que a medida que cambiamos la velocidad del observador, sus percepciones del tiempo y del espacio cambian, provocando que siga midiendo la misma velocidad de la luz; más específicamente, a medida que un observador aumenta su velocidad, su percepción del espacio se hará más corta, y su percepción del tiempo, más lenta. De hecho la relatividad especial afirma también que a la velocidad de la luz (300.000 Km/s) el espacio se vuelve nulo, y el tiempo se detiene. Esto nos ayuda a entender un poco mejor la naturaleza del Creador, un Dios invariable, eterno, que lo mismo le es un día que mil años, y que aunque todo lo demás cambie, Él nunca cambia.

En la relatividad especial, se puede ver cómo las variaciones del espacio y el tiempo parecen estar relacionadas. En 1915, Albert Einstein publico la *teoría de la relatividad general,* donde aclara que el espacio y el tiempo, de hecho están estrechamente ligados, y propone un concepto único de un *espacio-tiempo,* que básicamente es un espacio de 4 dimensiones, las 3 dimensiones que ya conocemos (el espacio), y una cuarta dimensión, (el tiempo). Para entenderlo mejor, podemos imaginarnos el espacio tridimensional, como un plano de 2 dimensiones; ese seria el espacio en un instante de tiempo determinado, un segundo plano de 2 dimensiones puesto ligeramente sobre el primero, seria el mismo espacio pero un instante de tiempo posterior, y así sucesivamente seguiríamos agregando planos a medida que avanza el tiempo, como se muestra en la figura 1.1.

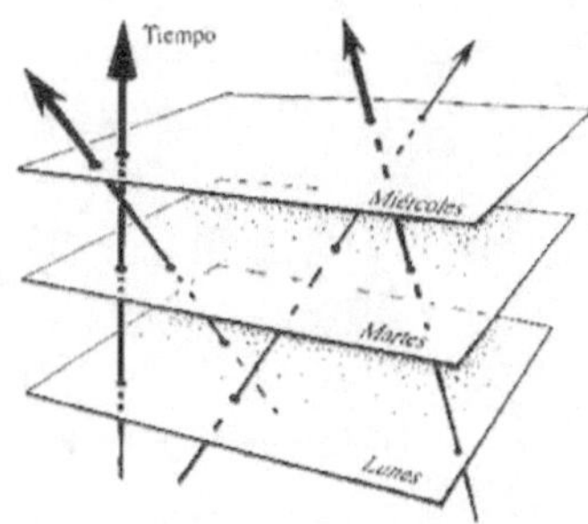


Figura 1.1

En la figura, el plano inferior seria el espacio en el tiempo del lunes, el plano del medio, el espacio el martes, y el plano superior, el espacio el miércoles. Las flechas nos ilustran las trayectorias que podría seguir un objeto a través del espacio-tiempo; así, cualquier punto tendrá 3 coordenadas espaciales, y una condenada temporal.

Einstein descubrir que, como lo vimos en la teoría de la relatividad especial, el espacio-tiempo es flexible, y se puede curvar, contraer, estirar, etc. Einstein también explico que estas distorsiones en el espacio-tiempo, no solo son provocadas por la energía (como la luz), sino también por la materia, como la de los planetas y estrellas, así, cuando un cuerpo como un planeta, se ubica en el espacio, este curva el espacio-tiempo que hay a su alrededor, provocando que los demás cuerpos que estén cerca de el, sigan dicha curvatura (ver figura 1.2), explicando de esta manera el fenómeno de la gravedad, declarando que no es una fuerza en realidad, sino la distorsión del espacio-tiempo provocada por los cuerpos celestes, que hace que los demás cuerpos cambien sus trayectorias; además, cuanto más sea la masa de un cuerpo mayor será la curvatura espacio-temporal, y mayor será su atracción gravitacional.

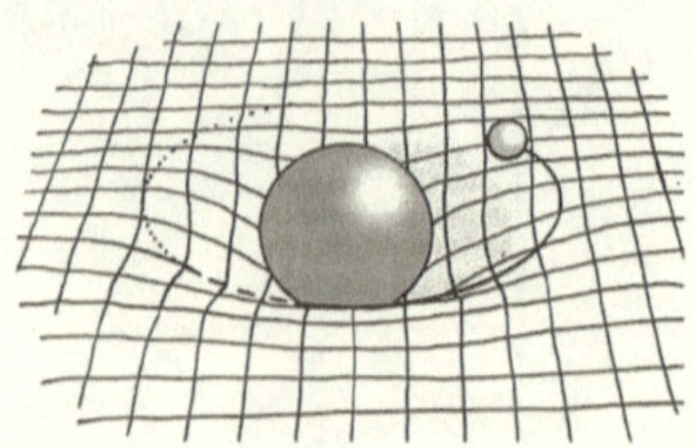

Figura 1.2

La relatividad general también aclara que no solo los objetos con masa son afectados por la curvatura espacio-temporal, sino que incluso la luz se curva al pasar cerca de un cuerpo masivo. De hecho Einstein explico que su teoría de la relatividad general se podía comprobar experimentalmente, y solo bastaba con observar la ubicación de las estrellas cerca del sol, comprobando que su ubicación real se vería ligeramente desplazada por la gravedad del sol (la curvatura del espacio-tiempo), demostrando así que incluso la luz se curva, al pasar por un espacio-tiempo curvado (ver figura 1.3). El problema era que la propia luz del sol impedía observar las estrellas cerca del el, por lo que el experimento solo se podría realizar durante un eclipse total de sol.

En 1919 varios científicos se habían propuesto a comprobar de forma experimental si la teoría de la relatividad general de Einstein era cierta, pues para el 29 de Mayo de ese mismo año, se había pronosticado un eclipse total de sol, en el cual se podrían observar estrellas que estuvieran cerca del sol, sin que los propios rayos del sol interfirieran. Si Einstein tenia razón, la luz de dichas estrellas se curvaría al pasar por el campo gravitacional generado por el sol, y los observadores en la tierra, verían las estrellas ubicadas un poco distantes de su posición real.

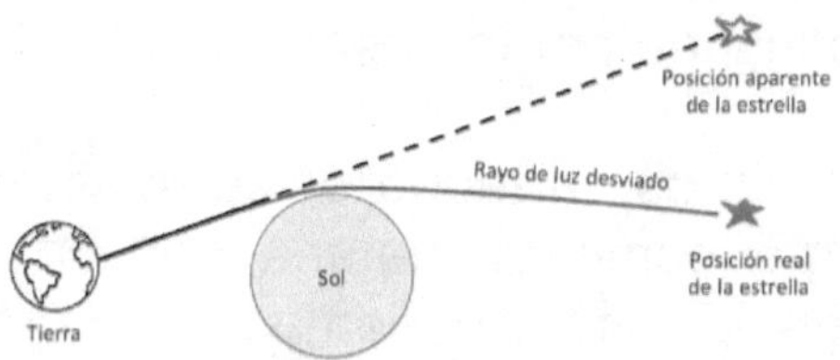


Figura 1.3

A finales de ese año, muchos periódicos británicos y estadounidenses, publicaron la noticia de que las observaciones hechas en el eclipse del 29 de Mayo, habían comprobado la teoría de la relatividad de Einstein, desmintiendo las teorías de Newton sobre la gravedad, e impulsando a Albert Einstein hacia la fama, convirtiéndolo en uno de los físicos más importantes de la historia.

Las teorías de la relatividad de Einstein, no solo nos ayudaron a entender mejor la gravedad, sino que abrieron las puertas para otros nuevos descubrimientos, relacionados con el espacio-tiempo, y las distorsiones que este puede sufrir. Recordando el ejemplo que vimos anteriormente, en el que nuestro sol desaparece repentinamente; Einstein descubrió, que este acontecimiento causaría que la curvatura del espacio-tiempo provocada por el sol, desaparecería abruptamente, produciendo una *onda-gravitacional* que viajaría hasta los planetas, incluida la tierra, sacándolos de sus órbitas, (no como predecía Newton, que los planetas se saldrían instantáneamente de sus órbitas luego de la desaparición del sol), de hecho Einstein afirmo, que dichas ondas gravitacionales (incluso cualquier distorsión en el espacio-tiempo) viajan exactamente a la velocidad de la luz, respetando así este limite cósmico, y refutando la idea de una gravedad que viaja instantáneamente. De esta manera, la tierra tardaría cerca de 8 minutos en sentir la ausencia de la gravedad del sol y salirse de su órbita, exactamente el mismo tiempo que tardaría en alcanzarnos la oscuridad causada por la ausencia del mismo sol.

Como ya lo vimos, la teoría de la relatividad afirma que tanto la energía como la materia son capases de crear distorsiones en el espacio tiempo, la razón de esto es porque la materia y la energía, son en realidad la misma cosa, como dos caras de una misma moneda. Esto se plantea en la más famosa ecuación de Einstein $E = MC^2$, donde E, es energía, M, es materia, y C es la velocidad de la luz (Energía es igual a la materia por la velocidad de la luz al cuadrado). La aplicación más polémica de esta ecuación está en las explosiones atómicas, donde se usa una pequeña cantidad de materia, para convertirla en una gigantesca explosión de energía.

Lamentándose por el uso bélico que le habían dado a su descubrimiento, Albert Einstein dijo en una ocasión: *"Hay dos cosas infinitas, el universo y la estupidez humana, y del universo no estoy seguro".*

Por otro lado, Albert Einstein siempre demostró su fe en un Creador de Todo, y cómo su grandeza y majestuosidad se veían reflejadas en su creación, y en las leyes que la rigen. En frases como: *"Dios es un misterio, pero un misterio comprensible. No tengo nada sino admiración cuando observo las leyes de la naturaleza. No hay leyes sin un Legislador",* nos muestra que al ver las maravillas y misterios del universo, y cómo parecen haber leyes que lo organizan todo, indiscutiblemente debe haber un ser que sobrepase todo lo tangible, un Creador que trasciende la creación.

## LOS LADRILLOS DE LA CREACIÓN

*"Por la fe entendemos haber sido constituido el universo por la palabra de Dios, de modo que lo que se ve fue hecho de lo que no se veía.* (RVR 1960, Hebreos 11. 3)."

*"No mirando nosotros las cosas que se ven, sino las que no se ven; pues las cosas que se ven son temporales, pero las que no se ven son eternas.* (RVR 1960, 2 Corintios 4. 18)."

Aunque las teorías de la relatividad de Albert Einstein, describían con una gran precisión los fenómenos relacionados al comportamiento de los grandes cuerpos celestes, y que ya habían sido comprobados experimentalmente con resultados contundentes; había otro aspecto de la creación, que Einstein no contemplo en sus formulaciones. ¿De que está hecha la creación?, ¿cuales son los ladrillos que conforman todo cuanto hay en el universo?.

Esta pregunta existe desde la antigua Grecia, cuando la filosofía que en ese entonces tomaba fuerza, llevo a muchos pensadores de la época a cuestionarse sobre la composición de la materia. Dicho cuestionamiento les llevo a la conclusión de que la materia no podía dividirse indefinidamente, que si se empezaban a tomar pedacitos cada vez más pequeños de materia, tenia que llegar un momento donde ya no se podía obtener un pedacito aun más pequeño de materia, sino que se llegaba al bloque más pequeño, indivisible e indestructible, que al combinarse de diferentes maneras con otros bloques conformaban los objetos materiales que los rodeaban. Los filósofos Demócrito, Leucipo y Epicuro, fueron los primeros en proponer un concepto de *Átomo* (del griego ἄτομον *«átomon»* que significa: sin división), como el elemento más básico y pequeño que conforma toda la materia, y que por definición, no se puede dividir. Este concepto primitivo del átomo se mantuvo por muchos años, hasta que en 1773 el químico francés Antoine-Laurent de Lavoisier postulo *la ley de la conservación de la materia* donde se enuncia la reconocida frase: *la materia no se crea ni se destruye, simplemente se transforma;* confirmando que los elementos básicos de la materia, es decir los átomos, no se pueden crear ni destruir, sino que al combinarse de diferentes maneras con otros átomos, conforman diferentes estados y tipos de materia. Podríamos decir entonces que estos elementos básicos que lo constituyen todo, son elementos invisibles y eternos que sin embargo conforman todo aquello que es visible y perecedero. Todo esto permitió que se siguiera avanzando en el conocimiento de los átomos, hasta que en 1869, el químico ruso Dimítri Ivánovich Mendeléyev, creo una clasificación de los elementos químicos (es decir los diferentes átomos), en orden creciente de acuerdo a su masa atómica, sirviendo esto como precursor de la tabla periódica de los elementos químicos que hoy conocemos. Sin embargo, a pesar de estos avances, la pregunta inicial ¿De que está compuesta la creación? aún no había sido contestada completamente, de hecho a esas alturas ya se sabia que el átomo mismo estaba compuesto de otros elemento aun más pequeños. En 1911 el físico británico-neozelandés Ernest Rutherford propuso el primer modelo atómico, y en 1913 el físico danés Niels Borh propuso un segundo y mejorado modelo; ambos ilustraban cómo el átomo se componía de otras partículas, pues tenían un núcleo con protones y neutrones, y orbitando a su alrededor tenían electrones; todas estas partículas habían sido descubiertas experimentalmente por otros científicos, así que se habían reducido las partículas elementales del universo, de 63 elementos, en la tabla periódica de Mendeléyev, a tan solo 3: protones, neutrones y electrones; sin embargo, la pregunta, ¿de que está hecho el universo? aún no estaba contestada.

A mediados del siglo XX se empezaron a hacer experimentos con partículas subatómicas en lo que se conoce hoy como un acelerador de partículas, o colisionador de hadrones, que en pocas palabras lo que hace es acelerar particular subatómicas a velocidades cercanas a la de la luz, y luego las hace colisionar, provocando que estas se desintegren en sus componentes aun más pequeños. Dichos experimentos le mostraron a los científicos que los mismos protones, neutrones y electrones, estaban compuestos de partículas aun más pequeñas, arrojando literalmente cientos de partículas nuevas, lo que dio lugar al *Modelo Estándar de Partículas* (ver figura 1.4), donde se clasifican las partículas más fundamentales hasta ahora descubiertas, que componen toda la materia y la energía contenida en el universo. En los mencionados experimentos se descubrió que los protones y neutrones estaban compuestos por otras partículas más pequeñas que llamaron *Quarks,* y hay seis tipos de quarks que son: Up, Down, Charme, Strange, Top y Bottom; que en español serian: Arriba, Abajo, Encanto, Extraño, Cima y Fondo. Los mismos científicos reconocen que estos nombres no significan nada en especial, solo los eligieron como una forma sencilla de catalogar estas partículas. Descubrieron también que el Electrón es una de estas partículas fundamentales al no estar compuesto por otras más pequeñas, y que además es parte de otra familia de partículas fundamentales a las que llamaron *Leptones;* en total los Leptones son seis, y son: Electrón, Muon, Tau, Neutrino eléctrico, Neutrino Muónico y Neutrino Tauónico. También demostraron que las fuerzas fundamentales con las que estas partículas interactúan, se deben a intercambios de otras partículas llamadas *Bosones,* los cuales son 5: Fotón, Gluón, Z, W y el ya mencionado anteriormente, el Bosón de Higgs.

Entonces hasta ahora tenemos 17 particular fundamentales, 17 ladrillos fundamentales que se enmarcan en el Modelo Estándar de Partículas, que según los científicos resume todo cuanto hay en el universo (excepto la gravedad). Los tres grandes grupos, los Quarks, los Leptones y los Bosones, definen las características más significativas de las partículas que conforman dichos grupos, por ejemplo, los Quarks, son partículas principalmente masivas y que por lo general conforman los núcleos atómicos, que a grandes rasgos seria lo que conocemos como materia *bariónica* o materia visible, los Leptones por otro lado, son partículas principalmente energéticas, uno de ellos, el electrón, es uno de los principales responsables de la electricidad y el magnetismo, y finalmente los Bosones son los responsables de las diferentes fuerzas fundamentales; los fotones portan energía electromagnética, los gluones mantienen unidos los núcleos atómicos, lo que se conoce como fuerza nuclear fuerte, los bosones Z y W son responsables de la fuerza nuclear débil, que deja escapar la radiación de los átomos, y el bosón de Higgs como ya lo dijimos, es responsable de darle masa a las demás partículas.

Figura 1.4

Tal y como Einstein lo predijo, la materia y la energía son diferentes manifestaciones de una misma cosa, y por lo tanto, son convertibles entre si, la materia puede convertirse en energía, y la energía en materia; así que todas las partículas fundamentales del Modelo Estándar, tienen una proporción de ambas, por un lado algunos Quarks son principalmente masa y muy poca energía, algunos Leptones por el contrario son mucho más energéticos, y finalmente algunos bosones como el fotón y el gluón, carecen totalmente de masa, siento constituidos cien por ciento de energía. Como ya lo expliqué anteriormente, es precisamente el bosón de Higgs el responsable de que algunas particular tengan más masa que energía, mientras que otras tienen menos masa y más energía, ya que las partículas más masivas como los quarks, interactúan bastante con el campo de Higgs al pasar por él, mientras que partículas como el electrón interactúan muy poco con dicho campo, y el fotón por otro lado, no interactúa con él en absoluto, por lo tanto la masa del fotón es igual a cero. Podríamos incluso deducir a partir de esto, que todo cuanto conforma el universo está hecho principalmente de energía, y que la masa es una consecuencia de la interacción de la energía con el campo de Higgs, pero, ¿qué tipo de energía?.

Después de que a finales del siglo XIX, Thomas Alva Edison perfeccionara la bombilla eléctrica, utilizando un filamento de bambú carbonatado, muchos físicos empezaron a cuestionarse sobre la manera en que algunos materiales irradiaban luz a medida que se les aplicaba cierta cantidad de energía térmica, pues era así justamente como funcionaba la bombilla eléctrica de Edison; el filamento de bambú carbonatado irradiaba cada vez más luz, a medida que su energía térmica aumentaba, es decir, a medida que su temperatura aumentaba. En un principio los científicos creyeron que cuanto más energía térmica se le aplicara a un material, igualmente este irradiaría más energía lumínica.

Se sabia que la luz era una onda, y que su energía era directamente proporcional a la frecuencia de su vibración; por ejemplo, frecuencias bajas como las de la luz roja, corresponden a una menor cantidad de energía, que la que corresponde a frecuencias altas, como la de la luz violeta. En ese orden de ideas, los científicos creían que en la medida que se aumentara la energía térmica de un material, este irradiaría cada vez más energía lumínica, empezando primero a liberar luz roja, luego naranja, amarilla, verde, azul, violeta, hasta que finalmente, irradiaría luz ultravioleta, la cual no es visible a los ojos humanos, por lo que el material debería volverse invisible. Claramente esto no puede comprobarse en ningún experimento, pues esto no es lo que ocurre en la realidad, lo que en realidad ocurre es que los materiales irradian cada vez más luz, pero no cambian de color, así que debía haber otro aspecto en la naturaleza de la luz, que permitiera aumentar su energía, sin aumentar su frecuencia.

El 14 de diciembre del año 1900, Max Planck expone su *Ley de la Radiación,* donde decide que la luz no se propaga como una onda continua, sino en paquetes discretos de energía, a cada paquete Planck le da el nombre de *cuanto de acción,* posteriormente llamado *constante de Planck,* y así la energía lumínica total seria un múltiplo de ese cuanto de acción, al que denoto con la letra $h$. La ecuación $E = hv$, explica que la energía de radiación, es igual al cuanto de acción multiplicado por la frecuencia de la onda electromagnética asociada. Con esta teoría Max Planck da inicio a una nueva y revolucionara teoría científica que hasta el día de hoy sigue fascinando a los físicos, y que aún no han podido develar todos sus misterios, *La Mecánica Cuántica,* que define que todo en el universo, tanto materia como energía están cuantizados, es decir, compuestos por elemento fundamentales indivisibles, y a la vez intenta describir las propiedades de estas partículas cuánticas.

El mismo Albert Einstein contribuyo a las teorías de Planck, cuando publico en 1905 un articulo sobre *el efecto fotoeléctrico*, por el cual se le concedió el premio Nobel de física de 1921. Dicho efecto consiste en cómo un material libera electrones de su superficie, cuando se le induce radiación electromagnética, es decir, luz; la cantidad de electrones emitidos por el material depende de la frecuencia de la onda de luz, mientras que la luz roja no logra arrancar ningún electrón del material, sin importar la cantidad de luz que se le aplique, la luz violeta o ultravioleta si lo logra. Einstein en su articulo, explica que considerando la luz como una onda continua, no es posible explicar este efecto, así que recurre a la ley de radiación de Planck, afirmando que la luz está cuantizada, y que estos cuantos son absorbidos por los electrones del material aumentando su energía, y provocando que se separen de los núcleos atómicos y desprendiéndose del material. También utilizo la ecuación de Planck $E = h\nu$, para explicar que los cuantos de la luz violeta y ultravioleta tienen más energía, al tener una frecuencia más alta que los cuantos de la luz roja, y por esta razón la luz violeta y ultravioleta logra arrancar muchos más electrones del material, que la luz roja. De hecho Niels Borh, quien como ya antes dije fue uno de los que propuso un modelo del átomo, también utilizo este principio para explicar cómo los electrones saltaban de una órbita a otra de mayor energía y viceversa, afirmando que cuando los electrones saltan a una órbita de mayor energía absorben un cuanto de luz, y al saltar a una órbita de menor energía liberan un cuanto de luz; las órbitas más cercanas al núcleo del átomo tienen menos energía, mientras que las más alejadas del núcleo tienen más energía, así que cuando un electrón se encuentra en la órbita más alejada del núcleo y absorbe un cuanto de luz, este termina separándose del átomo. más adelante a los cuantos de luz se les llamo fotones, que es como los conocemos hasta hoy, y que están incluidos en el anteriormente mencionado modelo estándar de partículas.

La mecánica cuántica trajo consigo muchos misterios, algunos de ellos ya resueltos, y otros, hasta el día de hoy continúan siento un misterio, por ejemplo, como lo mencionamos anteriormente en la teoría de la relatividad, Einstein había propuesto otra ecuación que definía la energía en general, $E = mc^2$, en la cual se define que la energía es proporcional a la materia, y Planck por otro lado, había propuesto otra definición de la energía, $E = h\nu$, donde esta se asocia a una frecuencia, es decir, a una onda. Al igualar ambas ecuaciones se obtiene $mc^2 = h\nu$, de cuyo desarrollo observamos que la materia está asociada a una onda y viceversa, y a la vez todo esto es igual a la energía, lo cual desencadena muchos problemas, principalmente la *dualidad onda partícula,* que consiste en la manera en que las partículas fundamentales se comportan como ondas en ciertas condiciones, y como partículas en otras, lo cual parece contradictorio, puesto que las definiciones físicas de onda y partícula, son totalmente diferentes.

En 1801 un científico inglés, Thomas Young, en un intento por determinar si la luz era una onda o un partícula, realizo un experimento conocido como *el experimento de la doble rendija;* este consistió en hacer pasar un rayo de luz a través de una doble rendija y observar como llegaba la luz a una pantalla ubicada después de la doble rendija; si la luz llegaba en dos columnas separadas, se concluía que la luz estaba compuesta por partículas discretas y que estas se alineaban al pasar por la doble rendija, pero si en vez de esto la luz formaba un patrón de interferencia en la pantalla, se concluía que la luz era una onda, que se dividía en dos ondas diferentes al pasar por la doble rendija, interfiriendo entre ellas y formando el patrón que se observaba en la pantalla (ver figura 1.5).

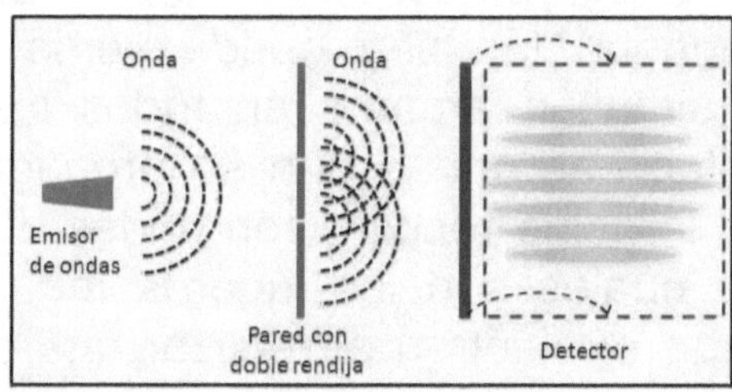


Figura 1.5

Finalmente Young obtuvo un patrón de interferencia, concluyendo simplemente que la luz era una onda continua, pero este no sabia lo que Planck y Einstein descubrirían años más tarde, que aunque era cierto que la luz se comportaba como una onda, también estaba compuesta por partículas, los fotones, y que todas las demás particular fundamentales también tenían asociada una onda y una frecuencia de vibración, así que el experimento de la doble rendija se volvió a realizar pero esta vez con otras partículas de las que se sabia claramente que se comportaban como tales, y que además tenían masa (¿cómo podría una onda tener masa?). Los resultados fueron abrumadores, el experimento siempre lanzaba los mismos resultados, al disparar partículas a través de la doble rendija, aparecía un patrón de interferencia en la pantalla detectora, como si estuvieran lanzando una onda en vez de partículas, así que la conclusión era definitiva, las partículas fundamentales se comportan como partículas y ondas a la vez.

Resulta que este comportamiento ondulatorio de las partículas, se debe a una característica probabilística que poseen estas; por ejemplo, en los primeros modelos atómicos se creía que los electrones describían órbitas bien definidas al rededor de los núcleos atómicos, pero después de la mecánica cuántica apareció el concepto de *orbital,* que es una región al rededor del núcleo atómico que describe los lugares donde es más probable encontrar al electrón, aunque también puede verse como que el electrón está simultáneamente en todos los lugares que abarca el orbital. Las ondas que se propagan al disparar electrones por la doble rendija, son ondas de probabilidad, que describen cuales son los lugares más probables en que podría estar el electrón al realizar una detección (con la pantalla detectora por ejemplo), y que mientras no se haga la detección, el electrón puede estar simultáneamente en todos los lugares de la onda.

Anteriormente dije que podríamos deducir que todo en el universo está constituido básicamente de energía, y que era el campo de Higgs el que se encargaba de condensar esa energía y convertirla en materia, y si consideramos lo antes mencionado sobre la naturaleza ondulatoria de las partículas fundamentales, y que las ecuaciones de Einstein y Planck nos muestran que dichas ondulaciones están relacionadas con la energía, podríamos decir también, que esa energía fundamental que constituye toda la creación, podría ser en efecto una onda, una vibración.

## LA UNIFICACIÓN

*"Porque las cosas invisibles de él, su eterno poder y deidad, se hacen claramente visibles desde la creación del mundo, siendo entendidas por medio de las cosas hechas, de modo que no tienen excusa.* (RVR 1960, Romanos 1. 20)."

*"El cual hizo los cielos y la tierra, El mar, y todo lo que en ellos hay; Que guarda verdad para siempre.* (RVR 1960, Salmos 146. 6)."

La física moderna se enfrenta al gran problema de unificar en una sola teoría sus dos grandes pilares: La relatividad, y la mecánica cuántica; y resulta ser bastante complicado, ya que ambas teorías son bastante diferentes, y aunque ambas funcionan muy bien y han sido comprobadas experimentalmente, pareciera que fueran teorías de universos distintos. Por un lado la teoría de la relatividad funciona perfectamente bien a grandes escalas, como las de los planetas, estrellas y galaxias, que aunque son ampliamente percibidas por nuestros sentidos, sus dimensiones son tan vastas que son apenas comprensibles por nuestras mentes humanas limitadas. Y por su parte la mecánica cuántica explica muy acertadamente el comportamiento de las partículas fundamentales, esos "ladrillos de la creación" que lo conforman todo, incluyendo planetas, estrellas y galaxias, y cabe aclarar que dichos elementos básicos de la creación, no son visibles al ojo humano, ya que son mucho más pequeñas que las longitudes de onda de la luz, por lo que no pueden reflejarla. Claramente debe haber una relación entre ambas teorías, después de todo ambas hablan de lo mismo, solo que a diferentes escalas; una a la escala de lo visible y claramente perceptible, y otra a la escala de lo invisible; debe haber una conexión entre ellas, una conexión entre lo visible y lo invisible, que le da forma al universo.

La mecánica cuántica abarca las cosas más elementales de la creación, cosas que la mayoría de veces ignoramos, ya que no las podemos percibir con nuestros sentidos, las partículas fundamentales son tan pequeñas, que a nuestra escala se vuelven invisibles; sin embargo es curioso pensar que esos mismos elementos, son los constituyentes de los grandes cuerpos celestes, cuyos comportamientos los describe la relatividad.

La Biblia nos enseña que los atributos invisibles de nuestro creador, se manifiestan en lo creado; las cosas invisibles y eternas, dan lugar a lo claramente visible y pasajero. ¿Qué son esos atributos invisibles?, y ¿cómo es que pueden crear lo visible?, ¿de que tipo de elementos se vale nuestro Creador para formarlo todo?. Claramente Él si sabe cómo resolver nuestro dilema de la unificación, y sabe cómo utilizar esa relación entre lo visible y lo invisible, para crear.

En sus intentos por descifrar esta relación que unificaría el universo en una sola teoría, los científicos han desarrollado algunas posibles soluciones a este dilema, aunque ninguna de ellas ha sido totalmente comprobada.

*Nota: Para tener más información sobre los conceptos científicos aquí mencionados, véase apéndice A.*

# CAPÍTULO II: LA UNIFICACIÓN

## LA BASE DE TODO

*"En el principio era el Verbo, y el Verbo era con Dios, y el Verbo era Dios. Este era en el principio con Dios. Todas las cosas por él fueron hechas, y sin él nada de lo que ha sido hecho, fue hecho.* (RVR 1960, Juan 1. 1-3)."

*"Por la palabra de JHVH*[1] *fueron hechos los cielos, Y todo el ejército de ellos por el aliento de su boca. [...] Porque él dijo, y fue hecho; El mandó, y existió.* (RVR 1960, Salmos 33. 6, 9)."

Muchos científicos creen que la manera de unificar los dos grandes pilares de la física moderna (La Mecánica Cuántica y La Relatividad), es entender la naturaleza misma de las partículas elementales que lo conforman todo; ya que aunque se han entendido muchos aspectos del comportamiento de dichas partículas, no es muy claro cual es su naturaleza en general. Si lográramos entender la naturaleza de los ladrillos de la creación, entenderíamos la creación en su totalidad (incluyendo la gravedad).

Ya que el modelo estándar de partículas no está completo, porque que no incluye a la gravedad, no puede considerarse como una teoría unificadora, aunque sea la que más se ha acercado. En vista de esto los físicos

[1] En la tradición hebrea el "Tetragramatón" es el nombre compuesto por las cuatro letras JHVH (יהוה) con el que se diferencia al Dios de los hebreos de los demás dioses. Es un nombre impronunciable, puesto que el hebreo antiguo se escribía sin vocales. En la tradición judía esta prohibido pronunciar este nombre en publico por ser un nombre sagrado, y en su lugar se pronuncia Ha-Shem (השם) que significa 'El Nombre'.

especularon sobre otro posible bosón, que seria el portador de la fuerza de gravedad, y lo llamaron *Gravitón,* sin embargo hasta el día de hoy no han habido pruebas ni ningún tipo de observación que sugiera que esta hipotética partícula exista realmente. La razón de esto es porque la gravedad, como nos lo explico Einstein con su teoría de la relatividad, no es una fuerza en realidad, sino una consecuencia de la curvatura del espacio-tiempo, provocada por los cuerpos celestes masivos; así que intentar ver la gravedad como una fuerza y asumir una partícula portadora de la misma, es tomar un camino equivocado. El camino correcto, si se quieren unificar ambas teorías, seria indagar sobre la composición del mismo espacio-tiempo, que muy probablemente sea una composición cuántica y cuyas características le permitan curvarse, estirarse, y distorsionarse de muchas maneras, dando lugar así a los fenómenos gravitacionales que se observan en el universo.

Habiendo aclarado que la gravedad no se debe tratar como una fuerza, sino estudiando la naturaleza cuántica del espacio-tiempo (los ladrillos del espacio-tiempo), podríamos retomar el camino inicial, y preguntarnos sobre la naturaleza de esas partículas cuánticas en general, ¿qué son?, ¿ondas?, ¿partículas?, claramente ya hemos tratado este tema, y hemos concluido que las partículas fundamentales pueden ser ondas, que al interactuar con otras fuerzas, adoptan características corpusculares, y forman la materia. Pero ¿qué tipo de ondas?, y ¿ondas de que?.

Muchos han observado el universo, intentando entender cómo funciona el mismo, y uno de los aspectos más significativos que han encontrado, es que todo, absolutamente todo, está hecho a base de movimiento; de hecho si anuláramos totalmente el movimiento de todo lo que existe, el universo dejaría de existir. Consideremos esto: Las galaxias se mueven, las estrellas se mueven, los planetas se mueven, nosotros los seres humanos y los animales, nos movemos las células que conforman los organismos vivos se mueven, los átomos que conforman dichas células y la materia en general se mueven, los electrones se mueven al rededor de los núcleos atómicos, y las partículas elementales se mueven interactuando entre ellas. Una vez considerado esto, si suponemos eliminar el movimiento en el universo, los planetas y estrellas colapsarían en los campos gravitacionales, las células que conforman los organismos vivos morirían, y los átomos se desintegrarían al no existir una interacción entre las partículas elementales que los mantuviera unidos. Resumiendo, la creación existe porque hay movimiento, de lo contrario todo lo creado colapsarla sobre si mismo, reduciéndose a la nada. ¿Podría estar este movimiento ligado a la naturaleza ondulatoria de las partículas cuánticas?.

Durante mucho tiempo, se creyó que el espacio vacío, era precisamente eso, vacío, después algunos filósofos empezaron a debatir sobre los conceptos de "lo lleno", y "lo vacío", o de otra manera, el ser y el no ser, deduciendo así que si el espacio fuera vacío, el espacio en sino debería existir; pero posteriormente después de que Einstein nos revelare la naturaleza moldeable del mismo espacio, nos dimos cuenta que el espacio no debía estar tan vacío como pensábamos, sino que en efecto el espacio debería ser "algo", algo no vacío; pues afirmar que el espacio es vacío rivaliza con la definición misma del espacio. Si sabemos que los objetos materiales ocupan un espacio, podemos afirmar que si no hay espacio los objetos materiales no podrían existir, pues no hay un espacio que puedan ocupar; así entendemos que el espacio debe ser algo, o estar compuesto por algo, algo que genere espacio, y permita que la materia lo ocupe. De esta manera se llego a la teoría de que el espacio podría estar compuesto también de partículas, al igual que la materia; y si las partículas fundamentales están compuestas de vibraciones, estas vibraciones serian las que crean tanto materia, como espacio, (y por consiguiente, tiempo).

Con estas bases se han formulado diversas teorías que podrían unificar todo lo que ocurre en la creación, como la más famosa *teoría de cuerdas*, que en síntesis afirma que todo está hecho a base de pequeñísimas cuerdas que vibran de diferentes maneras; o la gravedad cuántica de bucles, que explica la composición cuántica del espacio-tiempo. Sin embargo ninguna de esas teorías ha sido confirmada experimentalmente en la realidad, aunque funcionen perfectamente en el papel; y algunas de ellas requieren de muchas improbables suposiciones para poder que funcionen.

Reorganizando un poco las ideas que hemos reunido hasta ahora, diríamos que para explicar la creación de una forma general y unificada, tendríamos que conocer la naturaleza de los elementos fundamentales que lo conforman todo, un todo que a grandes rasgos es el conjunto de espacio, tiempo, y materia; y que estos últimos, aunque diferentes, estarían hechos a base de lo mismo: la base del todo.

---

## LA TRINIDAD DE LA CREACION

*"En el principio creó Dios los cielos y la tierra.* (RVR 1960, Génesis 1. 1)."

*"El cielo y la tierra pasarán, pero mis palabras no pasarán.* (RVR 1960, Marcos 13. 31)."

Como ya lo dijimos anteriormente, la creación es un todo compuesto por tres partes: espacio tiempo y materia. Estas tres partes, aunque diferentes entre ellas, están estrechamente ligadas, e incluso podrían estar hechas a base de lo mismo. Ninguna de estas tres partes puede existir sin las otras dos, tanto espacio como tiempo y materia subsisten entre ellas, cada una le da la posibilidad a la otra de que exista y viceversa. Si tuviéramos espacio, pero no tuviéramos materia para ocuparlo, y no tuviéramos un tiempo para hacerlo, el espacio por si solo carece de sentido y por lo tanto no puede existir; por otro lado si tuviéramos materia pero no tuviéramos espacio para que esta lo ocupe, y no tenemos un tiempo para hacerlo, la materia por si misma tampoco puede existir; y finalmente, si tuviéramos tiempo, pero no tenemos ni espacio ni materia, para ubicarlos en ese tiempo, este no tiene sentido, pues no existe una referencia para ese tiempo, y por lo tanto el mismo no puede existir. Con este sencillo ejemplo nos podemos dar cuenta, de que el espacio el tiempo y la materia, son tres partes de un todo, que no pueden existir por separado, pues dependen de las otras partes para subsistir, y de esta manera concluimos que el universo es en efecto, un universo tripartito; la creación es de naturaleza tripartita, al igual que su propio creador.

Cuando Albert Einstein publico su teoría de la relatividad general en 1915, pensaba en el cosmos como un universo generalmente estático, aunque obviamente los planetas y estrellas se mueven en torno a las galaxias, la estructura general de estas ultimas en el universo era estática para Einstein; lo que significaba que el universo habría sido siempre igual. Sin embargo esto significaba un problema para Einstein, pues debido a su propia teoría de la relatividad general, el universo no podía permanecer estático, pues la gravedad terminaría atrayendo las galaxias entre si, y el universo colapsarla sobre si mismo; así que para poder mantener su idea de un universo estático, Albert Einstein formulo junto con su teoría de la relatividad general una fuerza que llenaba todo el cosmos, opuesta a la de la gravedad, a la que llamo *La Constante Cosmológica*, la cual equilibraría el universo y lo mantendría estático al contrarrestar el efecto de la gravedad entre las galaxias. A diferencia de los demás postulados en la relatividad general, la constante cosmológica no tenia un argumento científico, simplemente fue utilizada por Einstein como una forma de conseguir el resultado que quería, el de un universo estático; aunque aun así este era inestable, pues cualquier otra variable por pequeña que fuera podía provocar que el universo dejara de ser estático, para luego contraerse o incluso expandirse.

En 1922 el físico ruso Aleksandr Fridman, descubrió una de las primeras soluciones a las ecuaciones de la relatividad general de Einstein, con lo que se pretendía entender la curvatura general del espacio-tiempo en todo el cosmos. Fridman publico varios artículos en los que explicaba que el universo podría estar en expansión, es decir, que el propio espacio-tiempo se estaba estirando. Posteriormente en 1927 un sacerdote belga Georges Lemaître, a quien también le apasionaba la física, publico un articulo en el que mostraba la misma solución, respaldando así la posibilidad de un universo en expansión.

En 1929 el astrónomo estadounidense Edwin Hubble, había observado que las galaxias más lejanas a la nuestra mostraba un *corrimiento al rojo*, es decir que la luz que emitían se hacia cada vez más roja, lo que solo se podía explicar por algo conocido como el *efecto Doppler.* En acústica, el efecto Doppler es aquel que ocurre cuando una fuente de sonido se acerca o se aleja de nosotros; cuando la fuente se acerca, las ondas sonoras llegan cada vez más cerca unas de otras, produciendo la sensación de que la frecuencia aumenta, ósea que el sonido se hace ligeramente más agudo; de modo contrario cuando la fuente se aleja, las ondas sonoras llegan cada vez más alejadas unas de otras, dando la sensación de que la frecuencia baja, o que el sonido se hace un poco más grave; esto se puede apreciar por ejemplo cuando pasa una ambulancia cerca de nosotros; al acercarse la sirena de la ambulancia parece sonar un poco más agudo, luego cuando se empieza a alejar, la sirena parece sonar más grave. El efecto Doppler, se puede aplicar también a la luz, de modo que si una fuente de luz se aleja rápidamente de nosotros, veremos que la luz que emite disminuye su frecuencia, es decir que se acerca más al rojo; y por otro lado si la fuente de luz se acerca rápidamente, veremos que la luz aumenta de frecuencia, ósea que se acerca más al azul o al violeta. De este modo Hubble descubrió que el corrimiento al rojo que observaba en las galaxias, se podía explicar afirmando que estas se estaban alejando de nosotros, lo cual solo era posible si se consideraba que el mismo espacio se estaba expandiendo, llegando de nuevo a la conclusión ya propuesta por Fridman y Lemaître de un universo en expansión. De hecho Hubble descubrió que la expansión del universo era acelerada, pues cuanto más lejanas eran las galaxias que observaba, mayor corrimiento al rojo mostraban.

Debido a las consecuentes pruebas de que el universo se estaba expandiendo, en ves de ser estático como Einstein lo creía, este elimino la constante cosmológica de su teoría de la relatividad general, y se refirió a ella como "el peor error de su carrera". Pero entonces ¿qué es lo que produce la acelerada expansión del universo?, ¿qué fuerza hay oculta en el vacío, que provoca este fenómeno?. Después de que Hubble corroboro la expansión acelerada del universo, se pensó que debía haber una fuerza que lo provocara, y debido a esto se introdujo de nuevo la constante cosmológica de Einstein solo que con un valor diferente, uno que en vez de provocar un universo estático, causaba un universo en expansión acelerada.

Actualmente la idea de que el universo se expande cada vez más rápido, se considera un hecho, pues todas las observaciones que se hacen en los objetos distantes del espacio, sugieren que es una realidad, y aunque aún no es claro que es lo que la provoca, estos avances nos han hecho pensar sobre lo que es realmente el espacio.

Claramente la idea de un espacio vacío quedo en el pasado, pues ya hemos visto que se puede curvar, estirar, contraer, y en general se está expandiendo en todo el universo.

Junto con la mecánica cuántica, se introdujo también el concepto de *Vacío Cuántico*; un vacío que en realidad no es vacío, sino que es como un océano repleto de partículas virtuales que lo dotan de energía (la energía del vacío, que seria la responsable de la expansión acelerada del espacio), y que en ocasiones estas partículas virtuales pueden saltar a la realidad, para luego desaparecer de nuevo. Estos fenómenos se observan constantemente en los experimentos realizados en el acelerador de hadrones del CERN, pues cada vez que se hacen colisionar partículas a altas velocidades se observan nuevas partículas surgiendo del vacío (fue precisamente así como descubrieron el bosón de Higgs), de modo que el concepto de vacío cuántico, también es considerado un hecho por la comunidad científica.

Finalmente podemos darnos una idea de lo que es el espacio en general. Sabemos que no es vacío, que tiene una composición cuántica, es decir que al igual que la materia está hecho de partículas, solo que en el caso del espacio son partículas virtuales, y que en ocasiones estas partículas virtuales pueden saltar a la realidad para luego desaparecer de nuevo, también sabemos que esta composición cuántica dota de energía al espacio siendo esta la responsable de la expansión del universo, y que además, aunque no sabemos a ciencia cierta si el universo es infinito o no, esto no le impide al espacio expandirse, pues no necesita un "lugar" hacia donde expandirse, sino que puede hacerlo sobre si mismo, de modo que no existe ni tiene sentido hablar de un "lugar" fuera del espacio, pues no hay espacio allí, pues el espacio encierra todos los lugares posibles, y contiene todo lo que existe.

En los versículos Bíblicos citados al inicio de esta sección sobre la Trinidad de la Creación, se nos dice que "en el principio creó Dios los cielos y la tierra". La frase "en el principio" tiene una relación directa con el tiempo, e intrínsecamente nos indica que ese fue el momento en el que el tiempo mismo comenzó a existir, de modo que no podemos hablar de un "tiempo" antes del principio, pues este no existe, no se puede hablar de eventos o sucesos antes del principio, pues no existía un tiempo en el que estos eventos o sucesos pudieran subsistir, entonces solo podemos hablar de la existencia después de "el principio". Por otro lado la palabra "cielos" se puede entender como espacio, del cual ya hablamos; y la palabra "tierra" como materia, que es todo aquello que ocupa espacio. En el principio (tiempo) creó Dios los cielos (espacio) y la tierra (materia). El segundo versículo que cite al inicio de esta sección, dice "el cielo y la tierra pasaran, pero mis palabras no pasaran"; aquí la palabra "pasaran" de nuevo hace alusión al tiempo, dando a entender que tanto el espacio como la materia tendrá un fin, en el fin del tiempo, pero que las palabras de nuestro Creador deben estar por encima del tiempo mismo, pues este no las afecta (no pasaran). En este orden de ideas podemos definir el tiempo como algo finito, que tiene un principio y un fin, y todo lo que se puede denominar como existente está definido entre esos dos limites, es decir, después del principio y antes del fin; exceptuando al Creador cuya naturaleza sobrepasa la del tiempo, dando a entender que su existencia no está ligada a una variable temporal.

Podemos definir al tiempo como aquella esencia trascendente en la que las cosas suceden; se entiende que un suceso o un evento, es aquel que está definido en el tiempo, y que está delimitado por instantes determinados de este, es decir, los eventos inician y terminan en instantes determinados de tiempo, de tal manera que se pueden medir, de la misma manera como medimos días meses y años; es como si midiéramos distancias pero en el tiempo.

Matemáticamente se puede definir el tiempo como una dimensión; así como tenemos dimensiones espaciales: alto, largo y profundo; también se puede hablar de una dimensión temporal. Esto ya lo habíamos tratado cuando hablamos de la definición del espacio-tiempo, como un espacio de cuatro dimensiones: tres dimensiones espaciales y una dimensión temporal. De esta manera entendemos que nos podemos mover libremente en las tres dimensiones espaciales, pero no en la cuarta dimensión, la del tiempo, pues al parecer estamos obligados a movernos siempre hacia adelante en el tiempo, y siempre con la misma velocidad (excepto en las condiciones que contempla la relatividad), de modo que no podemos adelantar, retrasar, o retroceder el tiempo a nuestra voluntad, ya que este es una dimensión superior a las tres que conocemos, que hasta cierto punto la percibimos, pero no la experimentamos plenamente.

Claramente, el tiempo está ligado al espacio, pues todo evento que se defina en el tiempo debe tener una posición en el espacio y viceversa; de modo que el tiempo no puede existir sin el espacio, ambos están ligados, y es precisamente por esto que Einstein introdujo el concepto de *espacio-tiempo*, como un solo conjunto de dimensiones espaciales y temporales. Para ilustrarlo con un ejemplo, imaginemos que pudiéramos detener el tiempo; como consecuencia de esto, todo movimiento en el espacio se detendría también, pues si pudiéramos seguir moviéndonos en el espacio, cada cambio de posición espacial tendría que estar ligado a un instante de tiempo distinto, así que al estar el tiempo detenido, se detendría también cualquier movimiento en el espacio. Así es como entendemos que el tiempo y el espacio conforman un todo al que llamamos espacio-tiempo, pues cada vez que nos movemos en el espacio, obligatoriamente nos movemos también en el tiempo, y como ya lo vimos antes, aun cuando creemos estar quietos, siempre habrá movimiento, en los átomos que nos conforman, en las células de nuestro cuerpo, en el planeta, en las estrellas, etc., lo que seguirá provocando inevitablemente que nos movamos en el tiempo.

Podemos entonces definir el tiempo como una dimensión, superior a las tres dimensiones espaciales, la cual percibimos pero no experimentamos plenamente, pues solo podemos percibir un instante de tiempo a la vez, uno después del otro, dándonos la sensación de un pasado (instantes de tiempo que pasaron por nuestra percepción), un presente (el instante de tiempo que está en nuestra percepción inmediata), y un futuro (instantes de tiempo que aún no llegan a nuestra percepción); y que estos instantes de tiempo en general pasan siempre a la misma velocidad, o en otras palabras, nos movemos siempre a la misma velocidad a través de la dimensión del tiempo. Por otro lado, el Creador si que puede experimentar la dimensión del tiempo a plenitud, pues como ya lo dijimos su naturaleza está por encima del tiempo, y por lo tanto este no lo afecta, de modo que nuestra percepción de instantes en el tiempo sucesivos, no aplica para Él, ya que puede percibir a la vez todos los instantes de tiempo desde su inicio hasta su fin, y como consecuencia de esto, tampoco tiene una percepción de pasado presente y futuro, puesto que todos los instantes de tiempo serian presentes para Él.

Tenemos entonces un universo tripartito, una creación compuesta de tres partes ligadas e inseparables, pues no pueden existir por separado: espacio, tiempo y materia; cada una de estas partes hacen parte de la creación, más no son la creación por si solas sino en conjunto; en ellas se refleja la naturaleza de su propio Creador, un solo Dios compuesto por Padre, Hijo y Espíritu Santo, cada uno de los cuales es parte de la Deidad, más no son la Deidad por si solos, sino que lo son en conjunto.

Ya que el Creador debe estar por encima de su creación, es decir que está definido en una dimensión superior a la de esta; no se ve afectado por ella o por sus partes; por el espacio, por el tiempo, o por la materia, pues estos solo afectan a las cosas que subsisten dentro de la creación misma, y como el Creador está definido por encima de su creación, entonces este debe ser un Creador inmaterial, que no está definido en el espacio, ni en el tiempo, no es grande o pequeño, no tiene un principio ni un fin, para Él no hay distancias, direcciones, o ubicaciones, para Él no hay pasado ni futuro, no se puede enmarcar en limites espaciales ni temporales, pues su espacio y su tiempo son la eternidad, y Él mismo es la eternidad.

---

## TRINIDAD DE TRINIDADES

*"Entonces dijo Dios: Hagamos al hombre a nuestra imagen, conforme a nuestra semejanza...* (RVR 1960, Génesis 1. 26)."

*"Y el mismo Dios de paz os santifique por completo; y todo vuestro ser, espíritu, alma y cuerpo, sea guardado irreprensible para la venida de nuestro Señor Jesucristo.* (RVR 1960, 1 Tesalonicenses 5. 23)."

Como ya lo sabemos el Creador es un ser tripartito, compuesto por tres partes inseparables: El Padre, El Hijo y El Espíritu Santo; tres personas diferentes que conforman un solo Dios, cada uno de los tres es parte de Dios, pero ninguno es Dios por si solo, sino que los tres se complementan. Como ya lo vimos también, la creación misma es tripartita, compuesta por tres partes inseparables que subsisten entre si: el espacio, el tiempo y la materia; tres entidades distintas que conforman una única creación, cada una de las tres es parte de la creación, pero ninguna puede subsistir por separado como una sola creación, sino que las tres se complementan. Por ultimo la Biblia nos muestra, que el hombre es también tripartito, compuesto por tres partes inseparables, ninguna de las cuales subsiste como hombre por si sola: el cuerpo, el alma y el espíritu. Estas tres; Creador, creación y hombre, conforman también una trinidad, una *trinidad de trinidades;* tres entidades enmarcadas en la eternidad que es el Creador mismo, cada una de las cuales es a la vez una trinidad, conformadas por tres partes que subsisten en ellas (ver tabla 2.1).

| CREADOR | CREACIÓN | HOMBRE |
|---|---|---|
| Padre | Espacio | Cuerpo |
| Hijo | Tiempo | Alma |
| Espíritu Santo | Materia | Espíritu |

Tabla 2.1

Tal vez surja la pregunta de ¿por qué tomamos al hombre como algo aparte de la creación, cuando se supone que este hace parte de la creación?. Si bien es cierto que el hombre es parte de la creación, podemos ver que el Creador hace una diferencia con él, lo cual es visible desde el momento mismo en que decide crearlo, pues dice "hagamos al hombre a nuestra imagen, conforme a nuestra semejanza", lo cual no sucede con ninguna de las demás criaturas. Claramente el Creador tiene al hombre como una parte especial dentro de su creación, y lo diferencia del resto de las criaturas; así que podemos decir que el hombre, aunque hace parte de la creación, se diferencia en medio de ella, pues su existencia se debe a un propósito especial del Creador.

Es bastante claro que la naturaleza de la trinidad del Creador, se ve reflejada en su creación, en el universo en general, y en el hombre. Podemos ver también, que cada una de las trinidades subsiste dentro de la anterior; el hombre subsiste en la creación, la creación subsiste en el Creador, y el Creador, podríamos decir que subsiste en la eternidad, pero ya que Él mismo es la eternidad, no necesita estar definido en un marco de existencia, simplemente es.

Anteriormente profundizamos sobre cada elemento que conforma la trinidad de la creación; vimos que el espacio es un océano de partículas virtuales que lo contiene todo, la materia es todo aquello compuesto de partículas reales que ocupan espacio, y el tiempo es esa dimensión que trasciende tanto el espacio como la materia y en el que se definen los eventos concernientes a estos. Podríamos también hablar sobre la definición de cada uno de los elementos de la trinidad del hombre, pero en el caso del Creador las cosas se complican para nosotros, pues Él no está definido dentro de la creación, sino por encima de ella, por lo que se nos hace muy difícil (tal vez imposible) definir desde nuestra posición de criaturas, la naturaleza del Creador.

En la Biblia encontramos que el cuerpo del hombre está hecho del polvo de la tierra, por lo que encontramos una relación directa con la materia en la creación, de modo que el cuerpo en el hombre, es la parte material, tangible, visible, y también pasajera, pues es bien conocido para nosotros que el cuerpo se deteriora, y al morir, se destruye volviendo al polvo de la tierra, de donde fue tomado inicialmente; así que el cuerpo es al hombre, lo que la materia es al universo, de la misma manera en que la materia puede surgir del espacio, existe por un tiempo, y luego se desintegra volviendo a la nada; así mismo sucede con el cuerpo del hombre, que fue tomado de la tierra inicialmente, existe por un tiempo, y luego se destruye para volver al polvo de la tierra. También podemos encontrar una relación de estas partes con el Hijo, en la trinidad del Creador, pues sabemos bien que Él se humanó, para venir aquí a la tierra, se hizo carne, se materializo, partiendo de la eternidad de Dios, vino al mundo, nos acompaño en su forma material por un tiempo, y luego volvió a su forma espiritual y eterna, de donde vino en un principio. A esta parte de las trinidades, podemos denotarla por su característica principal, y la llamaremos parte tangible.

Cuando hablamos del Alma, sabemos que esta es la que define a los seres vivos, es decir que la razón por la que los animales o nosotros mismos los seres humanos tenemos vida, es porque tenemos alma. La palabra en hebreo para alma es *Nephesh* (נֶפֶשׁ *népeš*), y en griego es *Psique* (ψυχή *psyché),* una de las traducciones literales más sencilla de ambas palabras es 'ser'; en la Biblia encontramos en Génesis 1: 20, que el Creador mandó a las aguas que produjeran seres vivientes; la palabra que se usa en el original para este texto es la palabra hebrea *nephesh* que significa 'ser', es decir 'ser viviente', o 'alma viviente'. También en Job 12: 10 encontramos la misma palabra en un contexto similar, afirmando que en la mano de Dios está el alma (*nephesh*) de todos los seres vivos; ambos textos nos dejan claro que el alma es un elemento de todos los seres vivos en general, y no solo del ser humano. Cuando un hombre muere, la Biblia nos enseña que el cuerpo se separa del alma, es decir que el alma es lo que dota de vida el cuerpo material, y este no puede vivir sin el alma; por esto entendemos que el alma es la vida o que alberga la vida, y que cuando morimos, esta alma que es la vida, se separa de nosotros volviendo al Creador. A veces tendemos a pensar en el alma como una entidad que vive dentro de nosotros, pero esta percepción es errada, ya que no podemos ignorar que la vida está en todos y cada uno de los elementos materiales de un ser vivo; cada miembro, cada órgano, cada organismo unicelular que conforma un ser vivo, está dotado y empapado completamente de vida, incluso en algunas ocasiones, cuando tenemos una herida o una cicatriz, identificamos tejidos muertos, pues el alma, que es la vida, ya no está en ellos; de este modo lo correcto es decir, que la vida envuelve al ser vivo, en nuestro caso, el alma contiene al hombre; no es el hombre el que contiene al alma, pues este ultimo empapa por completo de vida a todo el cuerpo. Si retomamos la definición original de la palabra alma, 'ser', entendemos que hablar del alma es hablar de la esencia de un individuo, de hecho la palabra griega *Psique* se utiliza en el estudio de la esencia y la conciencia del ser humano conocido como Psicología (de ahí su nombre), por lo que podemos concluir que el alma es la esencia del ser humano, la fuerza vital que empapa el cuerpo material y le da la cualidad de "ser viviente".

Según nuestro entendimiento de la trinidad del Creador, sabemos que el Padre engendra al Hijo, no significando esto que el Hijo haya tenido un comienzo, o que haya sido creado, sino que es engendrado por el Padre eternamente; lógicamente esto desafía nuestro razonamiento humano, pues como ya dijimos antes el Creador se define en la eternidad, y de hecho Él mismo es la eternidad, por lo que sobrepasa los limites de nuestra mente finita; sin embargo esto si nos deja entender que así como el alma contiene la esencia del hombre, el Padre contiene la esencia del Creador, pues no es el hombre el que engendra a la vida, sino que la vida engendra al hombre, de la misma manera que el Padre engendra al Hijo. Además de esto, la palabra hebrea Abba (אַבָּא), es la que se utiliza para referirse al Padre en la trinidad del Creador, y uno de sus significados es 'fuente de vida'; lo que tiene sentido ya que el Creador es el que provee la vida a todos los seres vivientes. De este mismo modo podemos identificar una relación de estas partes con el espacio en el universo, ya que claramente es la parte que contiene toda la materia y la energía de este, y además, como vimos anteriormente en las propiedades cuánticas del vacío, el espacio también podría ser la parte de la creación que engendre toda la materia y la energía de esta, es decir su esencia. Así que el alma (la vida) contiene la esencia del hombre, como el

Padre contiene la esencia del Creador, como el espacio contiene la esencia de la creación. En este orden de ideas podemos denotar esta parte de las trinidades por su característica principal, y la llamaremos parte contenedora.

El Creador es de naturaleza espiritual, y en el momento de la creación, decidió compartir su naturaleza con el hombre, con nosotros, Él nos hizo *a su imagen y semejanza*, es precisamente eso lo que nos diferencia del resto de la creación, del resto de los seres vivos, que aparte de tener un cuerpo material, y un alma portadora de la vida, nos dio espíritu. En Job 12, 10 dice: *"En su mano está el alma de todo ser viviente, y el hálito de todo el género humano";* dejando claro, que el alma es una parte presente en todos los seres vivos, tanto humanos como animales, y que por otro lado, el hálito, (que también se puede entender como espíritu) es exclusivo del género humano.

En Génesis 1, 20 encontramos el momento en que el Creador le da orden a las aguas de que produzcan seres vivientes, y como ya lo vimos antes la palabra alma, significa literalmente 'ser'; de hecho en el texto original hebreo, dice que el Creador le ordeno a las aguas que produjeran *almas vivientes,* confirmando nuevamente que esto es lo que designa a todos los seres vivientes, tanto humanos como animales; sin embargo hay algo que diferencia al ser humano del resto de las especies, y esto se deja bastante claro en el versículo 7 del capítulo 2 de Génesis, donde dice: *"Entonces YHVH Dios formo al hombre del polvo de la tierra, y soplo en su nariz aliento de vida, y fue el hombre un ser viviente";* si hacemos una transliteración sencilla de algunas palabras del texto original en hebreo de este versículo, diría algo más o menos así: *"Entonces YHVH Elohim formo al hombre del afar de la tierra, y soplo en su nariz neshamah de vida, y fue el hombre un nephesh viviente";* aquí aparece por primera vez en la Biblia la composición tripartita del ser humano, (aunque algunas traducciones no lo dejen ver muy claro), el cuerpo hecho del *afar* que significa 'polvo', el *nephesh* o alma que nos da la cualidad de seres vivientes, y aparece un nuevo componente: el *neshamah;* que en varias versiones de las escrituras se traduce como 'aliento' o incluso 'viento'; lo interesante de esto es que la palabra hebrea para espíritu, *Ruach* (רוּחַ) y en griego *Pneuma* (Πνευμα) tienen exactamente el mismo significado de 'aliento', 'viento' o 'soplo'. ¿A que se refieren entonces estos términos?.

Nuestro actual alfabeto desciende del alfabeto latino usado por los romanos, que a su vez desciende del alfabeto griego, que desciende del alfabeto fenicio (del cual también se deriva el hebreo y el arameo) utilizado en toda la región mediterránea de Asia, incluyendo Mesopotamia (actualmente Irak), Egipto y Sinaí, que a su vez se deriva de lo que se conoce como el primer sistema de escritura alfabético: el alfabeto proto-sinaítico; que al parecer se origino cuando el pueblo semita (descendientes de Sem, hijo de Noe) que habitaba en la península del Sinaí, adoptaron algunos jeroglíficos egipcios para escribir su propia lengua. Debido a esto cada letra del alfabeto tiene un significado que corresponde a los símbolos que se usaban en los jeroglíficos egipcios, o el alfabeto proto-sinaítico.

A continuación veamos como se escribe la palabra espíritu, en hebreo y en fenicio respectivamente.

De derecha a izquierda, la primera letra es *Resh*, y corresponde al símbolo de la cabeza de un hombre, y la ultima letra es *Chet* o *Het*, que corresponde al símbolo de una pared o una puerta, que también se puede interpretar como "afuera" o "salir". Algunos estudiosos deducen que la presencia de estos dos símbolos al inicio y al final de la palabra, significan un camino preestablecido, al igual que el significado literal de *Ruach,* el viento, sigue una ruta definida, lo cual se puede interpretar como 'voluntad'. Entonces una traducción más acertada de esta palabra, basados en su etimología, es: aliento, o viento que sigue una ruta definida, es decir, la voluntad.

La voluntad está ligada a los deseos del corazón, es decir a los sentimientos. En Job 15, 13 dice: *"El corazón alegre hermosea el rostro; más por el dolor del corazón el espíritu se abate";* esto nos deja ver como el espíritu al parecer está dotado de sentimientos, pues este se puede entristecer y también alegrar. En Ezequiel 36, 27 encontramos que el Creador dice: *"Y pondré dentro de vosotros mi espíritu, y haré que andes en mis estatutos, y guardes mis preceptos, y los pongas por obra";* donde claramente explica que su voluntad está en su espíritu, además de hacer referencia a esta como un camino por el que debemos andar.

Por otro lado, *Neshamah* (נְשָׁמָה), se refiere a una parte complementaria del espíritu, cuyo significado literal es 'aliento' pero a diferencia del significado de *Ruach*, este se asocia con la conciencia. En Job 27, 3 dice: *"Que todo el tiempo que mi "neshamah" esté en mi, y haya "ruach" de Dios en mis narices";* refiriéndose a su conciencia de la vida, es decir su razonamiento o su intelecto. Cabe aclarar que en repetidas ocasiones la palabra *Neshamah* se suele traducir como alma, pero no se debe confundir con el alma *Nephesh,* pues esta se refiere a la conciencia de lo material, es decir a los sentidos, es decir la vida física, mientras que *Neshamah* se refiere al nivel más alto de la conciencia: la conciencia espiritual; por lo que debe relacionarse más bien con el espíritu *Ruach,* y además es precisamente eso lo que nos diferencia del resto de las especies vivas, nuestra conciencia de lo espiritual, es decir nuestro razonamiento, nuestro intelecto.

El filosofo Platón solía decir que nuestros sentidos nos dan una idea errónea de la realidad, puesto que lo que percibimos a través de ellos, no son más que señales eléctricas que viajan a nuestro cerebro, y este las interpreta de determinada manera; de modo que nuestro cerebro podría estar haciendo una interpretación errada dándonos una percepción falsa del universo, o que incluso esas señales eléctricas se podrían inducir de forma artificial, algo parecido a cuando soñamos, vemos y sentimos todo un mundo de ilusiones que solo nos damos cuenta que era falso cuando despertamos. Pero Platón también decía que había en nosotros un nivel de conciencia que no nos engañaba, que era trascendente a los sentidos, y que nos podía dar una percepción real del universo. Platón llamaba a este nivel de conciencia, *"el mundo de las ideas",* y no se refería a otra cosa más que al intelecto. Platón afirmaba que través de la ciencia, de la filosofía, de las ideas que solo se podían concebir en nuestra mente; se podía llegar a obtener una percepción real del universo, una percepción que no era afectada por nuestros sentidos, y que nos pudiera engañar, sino que era cien por ciento real y confiable.

De forma análoga esto se puede utilizar para comprender mejor los significados de el *Neshamah* y el *Nephesh,* pues como ya he explicado el *Nephesh* se refiere a la vida física, dicho de otra manera, el nivel de conciencia de lo material, de los sentidos; mientras que el *Neshamah* se refiere a un nivel de conciencia espiritual, intangible, intelectual, en otras palabras, al razonamiento, aspecto del que carecen todas las demás especies vivas, pues ellos solo perciben el universo a través de sus sentidos o de sus instintos (asociado al *Nephesh*), pero no pueden razonar, no se preguntan ¿por qué están aquí?, esos aspectos son de naturaleza espiritual, y el Creador solo a dotado con ellos al ser humano.

Recopilando lo que hemos visto, la ultima parte de la composición tripartita del hombre, el espíritu, encierra tanto nuestra voluntad (Ruach), la cual está ligada a los deseos del corazón, es decir los sentimientos, y nuestro razonamiento (Neshamah) asociado también a nuestro nivel más alto de conciencia, de lo espiritual. Podríamos decir que esto es lo que nos hace humanos, y nos separa del resto de la creación. En la trinidad del Creador, es claro que el Espíritu Santo posee estas cualidades asociadas a la deidad: su voluntad, sus sentimientos y su razonamiento; estos atributos divinos, trascienden su propia naturaleza, pues es bien sabido por nosotros que la cualidad omnipresente del Espíritu Santo, permea por completo la eternidad tanto en tiempo como en espacio, de estos atributos. De igual manera nuestro espíritu, es decir nuestros sentimientos, nuestras decisiones, y nuestras ideas, trascienden nuestra propia naturaleza, ya que pueden expresarse más allá de nuestros limites físicos, e incluso influenciar a otros espíritus, como cuando un músico compone una canción, o un artista pinta una obra de arte, y a través de esas expresiones llega a tocar las emociones de muchas otras personas. Es también a través del espíritu que podemos trascender nuestra naturaleza y contactar al Creador por medio de la oración, que no es más que un acto de declaración de nuestra conciencia de lo espiritual. Igualmente la propia creación tiene su propio elemento trascendente: el tiempo; sin tiempo no hay creación, y sabemos que hay creación porque hay tiempo; este trasciende la naturaleza de la creación, llenándolo por completo en todas sus dimensiones; no hay lugar del universo donde no haya tiempo, y no se podrían concebir dimensiones superiores a las que conocemos sin un tiempo en el que ocurran; como dije anteriormente: todo lo que existe en la creación, existe después del principio y antes del fin. Así que podemos denotar esta parte de las trinidades por su característica principal, y la llamamos, parte trascendente.

Complementando la tabla 2.1 del principio de esta sección, podemos clasificar las partes de las trinidades así.

| PARTE | CREADOR | CREACIÓN | HOMBRE |
|---|---|---|---|
| Tangible | Hijo | Materia | Cuerpo |
| Contenedora | Padre | Espacio | Alma |
| Trascendente | Espíritu Santo | Tiempo | Espíritu |

Tabla 2.2

La naturaleza tripartita del Creador no solo se ve reflejada en esta estructura, sino también en muchas cosas cotidianas, y siempre conservan la misma lógica; por ejemplo la música, compuesta por tres partes, una tangible: la melodía; una contenedora: la armonía; y una trascendente: el ritmo.

Finalmente es muy claro a estas alturas, que la naturaleza del Creador se refleja en su creación, y aunque por obvias razones es muy difícil entender a profundidad y a plenitud la naturaleza del Creador, todo esto nos deja ver que hay un patrón común, un patrón unificador, que no solo relaciona la naturaleza de la creación con el Creador, sino que también nos hace entender mejor, cómo las partes distintas se unifican en una sola entidad, cómo un solo Creador, una sola creación y un solo hombre, son a las vez unificaciones de distintas partes en cada uno. Estos principios nos podría finalmente dar una respuesta acerca de la naturaleza de la creación, y explicarnos todo este misterios de cómo es que todo existe, y cómo es que las cosas fueron hechas en un principio.

*Nota: Para mayor información sobre los conceptos lingüísticos mencionados en esta sección, véase apéndice B.*

---

## EN EL PRINCIPIO

*"En el principio era el Verbo, y el Verbo era con Dios, y el Verbo era Dios. Este era en el principio con Dios. Todas las cosas por él fueron hechas, y sin él nada de lo que ha sido hecho, fue hecho.* (RVR 1960, Juan 1. 1-3)."

*"Él es antes de todas las cosas, y todas las cosas en él subsisten.* (RVR 1960, Colosenses 1. 17)."

Como ya lo he sugerido anteriormente, la correcta interpretación de lo que significa "el principio", es de suma importancia para poder entender la naturaleza de la eternidad, y por lo tanto del universo mismo. Muchas veces, algunas personas se hacen preguntas como: ¿qué había antes de que se creara el universo?, o ¿qué hacia Dios antes de crear el universo?; estas preguntas carecen de sentido cuando entendemos correctamente el concepto de principio, pues debemos tener claro que el Creador, como ya lo he dicho antes, no se define en limites temporales, como un principio o un fin, puesto que su contexto es la eternidad, la cual no posee tales limites; por lo tanto los conceptos de antes o después, solo se aplican a entidades que subsistan dentro de esos limites, como la creación; pero preguntarse sobre algo referente a esa entidad, antes de su principio o después de su fin, o preguntarse sobre que hacia el Creador antes o después de dichos limites, es incoherente, pues es imposible definir en Él tales conceptos, de antes o después, en ausencia de limites como principio o fin.

Antiguamente cuando muchos defendían la idea de un universo eterno, que no había sido creado, sino que existía desde siempre; muchos filósofos refutaban esta idea, pues la propia definición de eternidad, impedía que el universo existiera tal y como lo conocemos. Si el universo fuera eterno, es decir, que existiera desde siempre, por definición tendrían que haber ocurrido una cantidad infinita de momentos antes de llegar al presente que estamos percibiendo, y ya que el infinito no se puede traspasar, o en otras palabras, nunca se acaba, nunca se llega a su fin, por su propia definición, el presente nunca habría llegado, y no estaríamos experimentado este instante de tiempo; pero, ya que es evidente que el presente existe y que lo percibimos, es lógico pensar que han ocurrido una cantidad finita de momentos antes de este, y que estos al llegar a su fin, dan lugar al presente, y ya que los momentos previos al presente son finitos, debe también haber sin lugar a dudas, un principio a partir del cual los momentos transcurren.

Evidentemente el tiempo, para poderse definir requiere de limites, un principio a partir del cual los momentos se cuenten uno tras otro, y tal vez (aunque no necesariamente) un fin, donde estos terminen, de manera que el tiempo puede ser finito, o incluso tal vez infinito, pero no eterno.

Para tener claros estos conceptos, miremos una definición simple pero clara de lo que es eternidad, infinidad, y como podemos enmarcar un elemento finito dentro de ellos. En primer lugar definimos eternidad como algo sin limites, y aunque muchas veces se suele asociar este concepto con el tiempo, hablando de él como una duración sin limites, en realidad lo debemos generalizar aún mas, aclarando que se refiere a la ausencia de limites de cualquier tipo, espaciales y temporales, de hecho como ya lo expliqué anteriormente, al carecer de limites temporales, el tiempo como tal no se puede definir en ella, concluyendo que la eternidad es de hecho atemporal, y que los conceptos como antes y después, o pasado y futuro, no tienen sentido aquí; lo mismo sucede para los limites espaciales, donde hablar de direcciones o ubicaciones no es lógico si no se tienen limites de referencia para estos conceptos. De una forma simple podemos representar la eternidad con una línea recta y sin limites (ver figura 2.1).

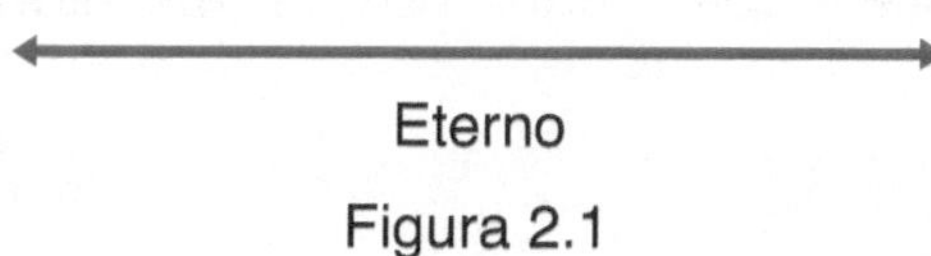


Figura 2.1

Por otro lado, si hablamos de infinidad, hablamos de algo que como su nombre lo indica, no tiene fin, es decir que carece de uno de sus limites, sin embargo no es totalmente ausente de limites, pues bien podría tener un principio. Para representarlo de una forma simple, dibujamos una línea recta, con un principio, pero sin fin (ver figura 2.2).

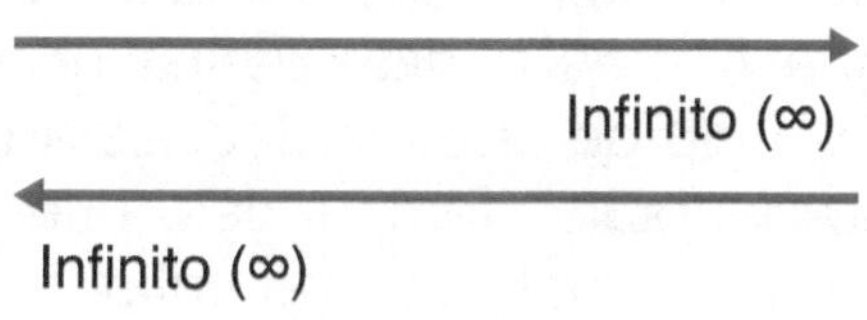


Figura 2.2

Si analizamos estos conceptos vemos, que la eternidad y la infinidad están relacionados, incluso podríamos dibujar la línea que anteriormente usamos para representar la eternidad, como una recta que va desde el infinito hasta el infinito, que es lo mismo que decir que carece de todo limite (ver figura 2.3).

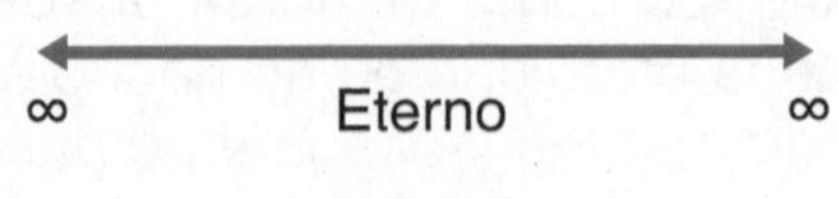


Figura 2.3

En este orden de ideas, podemos imaginar al Creador, que vive en la eternidad, establecer un punto de inicio, y a partir de ahí crear un infinito, y que este a su vez estaría inevitablemente subsistiendo en la eternidad (ver figura 2.4).

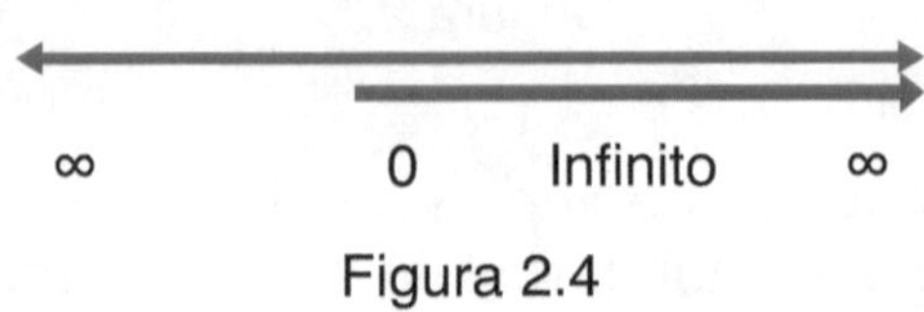


Figura 2.4

De esta manera se establecen un tiempo en el que los sucesos concernientes al creado infinito suceden; un tiempo que inicia en el principio (0) y que se extiende hasta el infinito, de modo que todos los eventos asociados a esta creación se ubican solo después del principio (0). Sin embargo aunque hemos podido definir un tiempo en este infinito, el cual surgió de la eternidad, esta ultima sigue sin ser afectada por variables temporales, pues sigue estando por encima de la naturaleza del infinito; el pasado, el presente y el futuro que se pueden concebir en el infinito, no tienen ningún sentido en la eternidad.

Por ultimo podemos representar una creación finita enmarcada en la eternidad, para esto simplemente tenemos que dibujar la línea de la eternidad sin limites algunos como ya lo hemos hecho, y en algún momento establecer un principio y en otro momento un fin, para dar lugar a una creación finita (ver figura 2.5).

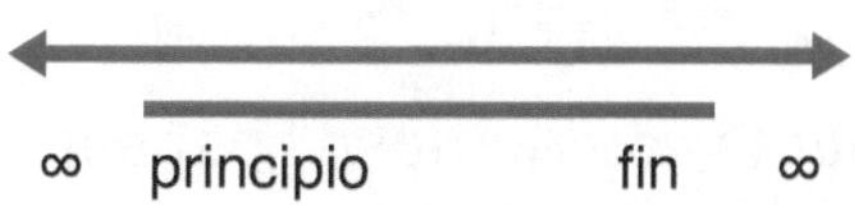


Figura 2.5

Aquí vale la pena aclarar, que al crear un elemento finito (con principio y fin) a partir de la eternidad, automáticamente se crean dos infinitos, antes del principio y después del fin, y que según lo que vimos anteriormente esto daría como resultado la eternidad; con lo que podemos concluir que aunque se eliminara de la eternidad el segmento que corresponde al elemento finito creado, esta seguiría siendo eterna, y no se vería afectada en absoluto por la eliminación de dicho segmento; incluso sin importar que tan grande sea este segmento. Al entender esto, tal vez nos pongamos a pensar sobre la posición que tiene el universo en la eternidad del Creador, y nos demos cuenta que aunque toda la creación con todo su esplendor de repente dejara de existir, ni la eternidad ni el Creador sufrirían el más leve cambio, pues el universo aunque sorprendentemente inmenso desde nuestra perspectiva, en la eternidad equivale a la nada.

## EL CREADOR OMNIPRESENTE

*"Oh JHVH, tu me has examinado y conocido. Tu has conocido mi sentarme y mi levantarme; has entendido desde lejos mis pensamientos. Has escudriñado mi andar y mi reposo, y todos mis caminos te son conocidos. Pues aún no está la palabra en mi lengua, y he aquí, oh JHVH, tú la sabes toda. Detrás y delante me rodeaste, y sobre mí pusiste tu mano.* (RVR 1960, Salmos 139. 1-5)."

*"En tu mano están mis tiempos.* (RVR 1960, Salmos 31. 15(a))."

En este punto es curioso pensar que hay otra disposición tripartita en otro aspecto de la creación, y que esta nos ayudara a entender mejor el misterio de la omnipresencia del Creador.

Anteriormente he mencionado las dimensiones, (aunque no para profundizar en ellas), de las tres dimensiones espaciales en las que nos podemos mover, y de una cuarta dimensión, el tiempo; y he usado estos conceptos para explicar lo que Einstein llamo el espacio-tiempo; un espacio de cuatro dimensiones en el que todo lo concerniente al universo sucede. Pero ¿por qué quedarnos ahí?, ¿no seria lógico pensar que si el espacio tiene más de una dimensión, el tiempo puede ser similar?, ¿a que se refería David cuando le dijo a Dios que en su mano estaban sus tiempos?, ¿acaso el tiempo no es uno solo?. Alguien podría interpretar este versículo, argumentando que al mencionar los tiempos, en plural, David se estaba refiriendo a los distintos instantes o momentos que tienen lugar en el tiempo, y así por ejemplo, el hoy seria un tiempo, el mañana otro tiempo, el día siguiente otro tiempo, y así sucesivamente, y esta puede ser una interpretación totalmente valida; sin embargo si algo he aprendido a lo largo de mi vida como creyente, es que la Biblia está impregnada de tan basta sabiduría, que un mismo texto puede suplir gran variedad de necesidades, sin importar que tan diferentes sean estas entre si, y que una misma palabra puede ayudarnos a entender una cosa u otra, dependiendo de lo que buscamos (siempre y cuando no haya contradicciones en esas interpretaciones).

Consideremos por un momento, el concepto de libre albedrío; esa capacidad que nos ha dado el Creador de tomar nuestras propias decisiones, y en cierta manera, elegir nuestro destino. Por otro lado, también sabemos que nuestro Creador es *omnisciente*, y conoce nuestro futuro, sin importar que decisión o camino tomemos, y constantemente encontramos expresiones como, que Él nos conoce desde antes de que naciéramos, o, citando el versículo al inicio de esta sección, que antes de que nuestras palabras estén en nuestra boca Él ya las conoce. ¿Significa esto que en realidad no hay tal cosa como el libre albedrío, y en realidad todos seguimos un camino prescrito por el Creador, ya que el de antemano sabe que decisiones tomaremos, y que caminos elegiremos?, entonces el libre albedrío seria una ilusión, o ¿habrá otra explicación?.

Si queremos reconciliar el libre albedrío con la *omnisciencia* del Creador, nos obligamos a pensar que Él debe tener conciencia de una cantidad infinita de futuros posibles, correspondientes a todas las decisiones y caminos que podríamos elegir, y al nosotros elegir uno de esos caminos, o al tomar una decisión determinada, causamos que nuestro universo converja en una línea temporal específica, de la cual el Creador ya tiene previo conocimiento; de esta manera, sin importar cuales sean nuestras decisiones y nuestras acciones, el Creador siempre tendrá conciencia de cualquiera que sea la línea temporal en la que converjamos.

Pensemos en decisiones tan sencillas que tomamos a diario en nuestra vida cotidiana, como la ruta que elegimos para ir del trabajo a la casa; o la ropa que elegimos para ponernos cada día, si un día cualquiera elegimos tomar una ruta alterna a la que siempre tomamos, o escogemos una camisa azul en ves de una roja, inevitablemente cambiaremos la línea del tiempo, y afectaremos todos los eventos que sucedan de ahí en adelante.

Anteriormente consideramos el tiempo como una cuarta dimensión, sin embargo no habíamos considerado las infinitas líneas temporales alternas en las que el universo puede converger, dependiendo de los eventos que ocurran o no ocurran, por lo tanto debemos considerar no solo una cuarta dimensión, correspondiente a una única línea temporal, sino también una quinta dimensión, correspondiente al plano de las infinitas líneas temporales que comprenden las infinitas posibilidades en el tiempo.

En el contexto del Creador, las diversas posibilidades en el tiempo no se dan por separado, como lo hacen para nuestra perspectiva, pues somos seres de dimensión inferior; sino que para Él todas las líneas temporales están presentes a la vez, pues su dimensión es superior. Mientras que para nosotros un dado solo puede caer en 1, o en 2, o en 3, o en 4 o en 5 o en 6; pero nuca caerá en dos o más números al mismo tiempo; para el Creador el dado siempre cae en todos sus seis lados a la vez, uno por cada línea temporal posible. Así entendemos que cuando David le dijo a su Creador, que en su mano estaban sus tiempos, podría referirse a que sin importar cuales fueran las circunstancias de su vida, y el rumbo que esta tomaría, Él tendría siempre el control, pues en su mano están presentes todas las infinitas posibilidades temporales, es decir, los tiempos.

Así que, efectivamente el tiempo puede tener más de una dimensión, por lo que el siguiente paso seria considerar, que si el espacio está definido en tres dimensiones, también lo podría estar el tiempo, y ya habiendo explicado en que consisten las primeras dos dimensiones temporales, solo nos faltaría explicar la tercera dimensión temporal, o una sexta dimensión en general.

Una forma sencilla de representar la lógica de las dimensiones, es considerando la primera dimensión como una línea, la segunda dimensión como un plano, y la tercera dimensión como un cubo. Esta representación es bastante bien conocida por la mayoría, pues es así como lo suelen explicar en las clases de geometría en los colegios. Claramente, las dimensiones espaciales se pueden explicar así, comenzando con una línea, luego una sucesión de líneas infinitas para formar un plano de dos dimensiones, y finalmente una sucesión de planos infinitos para formar un volumen tridimensional. Esta misma analogía la utilizamos en las dimensiones temporales, considerando una línea temporal de una dimensión, luego una sucesión infinitas de líneas temporales para crear un plano temporal de dos dimensiones, y para poder explicar la ultima dimensión temporal tendríamos que considerar una sucesión infinita de planos temporales para crear un volumen temporal tridimensional.

Seguramente alguna vez nos hemos preguntado, cómo seria nuestra vida, si algo hubiera sido diferente en el pasado, si hubiéramos tomado decisiones diferentes, como la carrera que estudiamos, la casa que elegimos para vivir, o simplemente las cosas a las que le dedicamos nuestro tiempo durante nuestra niñez o juventud; incluso a veces decimos que nos gustaría regresar el tiempo, y cambiar algo; pues bien, en realidad hay un camino más corto que ese. Regresar el tiempo para cambiar algo en el pasado y modificar nuestro futuro, es una ruta posible siempre y cuando seamos seres de cinco dimensiones, (que obviamente no lo somos), regresaríamos por nuestra línea temporal actual, hasta el momento en el que quisiéramos cambiar algo, y entraríamos a una línea temporal diferente; ese seria el camino largo; pero hay una forma de saltar directamente de una línea temporal a otra y ver cómo seria nuestra vida si hubiéramos tomado otra decisión en el pasado, sin tener que regresar a ese pasado: tomando un atajo por la sexta dimensión. Esta dimensión es la sucesión de planos temporales infinitos que comunica todas las líneas temporales entre si, creando un volumen temporal en el que nos podríamos mover libremente de una línea temporal a otra; si fuéramos seres de seis dimensiones podríamos hacer que un dado que ha caído en 1, estuviera en 6, simplemente saltando a otra línea temporal donde ese fuera el resultado del lanzamiento del dado.

Hasta ahora tenemos un grupo de tres dimensiones espaciales, y otro grupo de tres dimensiones temporales, para un total de seis dimensiones. Aún falta por explicar el ultimo grupo de dimensiones a las que podríamos llamar, *dimensiones universales.* Si tomamos las tres dimensiones espaciales, y las sumamos a las tres dimensiones temporales, considerando desde el inicio de la creación hasta todos sus posibles finales, ese conjunto recibe el nombre de *universo*, por lo que, para considerar una séptima dimensión, tendríamos que aceptar la idea de otro *universo* distinto del primero, e imaginar un camino que comunique a ambos; dicho camino estaría comprendido en la séptima dimensión. Muchos científicos defienden la idea de que existen más universos además del nuestro, idea que en un principio surgió debido a peculiaridades matemáticas, que obligaban a considerar tantas posibilidades espaciales y temporales, que darían lugar a más de un universo, y que la línea que comunicaría un universo con otro estaría comprendida en la séptima dimensión; más adelante esta idea empezó a tomar sentido físico, y muchos empezaron a incluir el concepto de *multiverso* en sus postulaciones.

Para incluir una octava dimensión, de nuevo podríamos representarla como un plano, compuesto por las líneas que comunican universos distintos, lo que nos permitiría escoger un camino u otro y dirigirnos a universos distintos, y finalmente si quisiéramos saltar instantáneamente de una línea entre universos a otra totalmente distinta, tendríamos que recurrir a una dimensión superior, la novena dimensión.

Todo esto tal vez parezca de ciencia ficción, e incluso demasiado fantástico para ser real, pero el motivo de esto es, una vez más, tratar de dar una idea sobre la naturaleza superior del Creador sobre su creación, una naturaleza que sin embargo se sigue reflejando en todo lo creado, pues estamos considerando un universo con una composición dimensional tripartita: tres grupos de dimensiones, espaciales, temporales, y universales; cada uno compuesto por tres dimensiones, tres espaciales, tres temporales, y tres universales; para un total de nueve dimensiones; y un Creador multidimensional y superior a toda su creación, omnipresente tanto en el espacio, como en el tiempo, como en la multiversalidad del cosmos.

De este modo nos vamos acercando a las respuestas de las preguntas que nos hemos formulado. Ya sabemos cómo el Creador puede crear de la nada, pues de hecho en su contexto, en la eternidad, cualquier cosa finita equivale a nada; también sabemos que su naturaleza se refleja en las cosas que ha creado, y que si entendemos la naturaleza de la creación podremos entender (al menos hasta cierto punto) la de Él, unificando así lo creado con su Creador. Pero aún nos falta una respuesta; la respuesta final y el propósito de este libro: entender cual es la fuerza creadora, que da lugar a todas las cosas que existen, y que hace que todo lo creado funcione de la manera en la que lo hace, en perfecta armonía y sincronización. Nos hemos acercado ya a esta respuesta, basándonos primero en las teorías científicas que han surgido a lo largo de la historia, como resultado de la búsqueda incesante de una única respuesta para todo; esto nos ha llevado a dar un vistazo a la estructura misma de la creación, desde los elementos más básicos que la conforman, hasta las majestuosas edificaciones de cuerpos celestes soportadas en los cimientos del espacio-tiempo; maravillas que no son más que un vislumbre de la gloria del eterno Creador. Hay una energía que lo rige todo, desde lo más pequeño hasta lo más grande, desde lo invisible hasta lo visible, una energía que nos daría la respuesta del todo, el ultimo elemento unificador.

# CAPÍTULO III: EL SONIDO DEL CREADOR

## Y DIJO DIOS...

*"Y dijo Dios: Sea la luz; y fue la luz.* (RVR 1960, Génesis 1. 3)."

*"Por la palabra de JHVH fueron hechos los cielos, Y todo el ejército de ellos por el aliento de su boca. [...] Porque él dijo, y fue hecho; El mandó, y existió.* (RVR 1960, Salmos 33. 6, 9)."

Anteriormente he hablado del comportamiento ondulatorio de las partículas, y de cómo se llego a esta idea a partir del experimento de Thomas Young, que demostraba que la luz era una onda continua, y de los descubrimiento de Max Planck y Albert Einstein de que la misma luz estaba compuesta por partículas llamadas fotones.

En 1923 Louis-Victor de Broglie, propuso que se extendiera el concepto de onda-partícula al resto de las partículas fundamentales conocidas como los electrones, y los quarks; con la hipótesis de que a toda partícula fundamental con una energía $E$, y un momento $p$, se le puede asociar una frecuencia $\nu$, y una longitud de onda $\lambda$; Dando lugar a las ecuaciones que ya habían sido descritas por Max Planck: $E = h\nu$ y $p = h/\lambda$.

La hipótesis de De Broglie fue comprobada experimentalmente en 1927, al observar la difracción de electrones, demostrando que estos también se comportaban como ondas. La hipótesis de De Broglie también llevo a Erwin Schrödinger, un físico Austriaco, a describir dicho comportamiento ondulatorio con una ecuación, que a escalas microscópicas se redujera a la descripción clásica de la energía de una partícula:

$$E = \frac{p^2}{2m} + V$$

Donde $p^2/2m$ es la energía cinética, $V$ es la energía potencial, y $E$ es la energía total de la partícula.

A partir de esta definición clásica de la energía, y utilizando el principio de correspondencia, que establece que las ecuaciones de la mecánica clásica que describen el comportamiento de sistemas macroscópicos, deben ser una aproximación de las ecuaciones de la mecánica cuántica, que describen el comportamiento de los elementos microscópicos, como átomos o partículas elementales, Schrödinger dedujo su famosa ecuación, que lleva su nombre, la cual describe el comportamiento ondulatorio de las partículas cuánticas, y que introduce un nuevo concepto: la función de onda Ψ (Psi).

$$i\hbar \frac{\partial}{\partial t} \Psi(\mathbf{r}, t) = \hat{H} \Psi(\mathbf{r}, t)$$

*(Ecuación de Schrödinger)*

Donde el operador Hamiltoniano $\hat{H}$ es la energía total del sistema (partícula), y es igual a la energía cinética más la energía potencial.

$$\hat{H} = \frac{-\hbar^2}{2\mu}\nabla^2 + V(\mathbf{r}, t) \quad \textit{(Hamiltoniano)}$$

$$Ek = \frac{-\hbar^2}{2\mu}\nabla^2 \quad \textit{(Energía cinética)}$$

$$V = V(\mathbf{r}, t) \quad \textit{(Energía potencial)}$$

$$i\hbar\frac{\partial}{\partial t}\Psi(\mathbf{r}, t) = \left[\frac{-\hbar^2}{2\mu}\nabla^2 + V(\mathbf{r}, t)\right]\Psi(\mathbf{r}, t)$$

*(Ecuación de Schrödinger)*

Con esta ecuación, la ecuación de Schrödinger, se pudieron evaluar los niveles cuantificados de energía del electrón en el átomo de hidrógeno, demostrando así su veracidad. Por otro lado en 1926, Max Born, matemático y físico Alemán, introdujo la correcta interpretación de la función de onda Ψ, al explicar que el cuadrado de esta ($\Psi^2$), representaba la distribución de probabilidad de la posición de la partícula en cuestión; es decir, que mostraba la probabilidad de encontrar a la partícula en un determinado lugar. Dicho de otra manera, la ecuación de Schrödinger, describe la energía de las partículas cuánticas, no de una forma puntual (como en la definición clásica), sino como una distribución de energía en forma ondulatoria. Sin embargo este carácter probabilístico de las partículas, implicaba que estas no se comportaban de una forma concreta o definida, sino de una forma azarosa, lo cual causó que algunos científicos de renombre rechazaran esta interpretación de la mecánica cuántica, como Albert Einstein, que decía *"Dios no juega a los dados"*, e incluso el mismo Schrödinger estaba descontento con su propio descubrimiento.

El hecho de que se le diera una interpretación probabilística al comportamiento de las partículas elementales, causaba insatisfacción en muchos científicos, que defendían que la ciencia debía ser determinista, y no podían aceptar el hecho de que las partículas subatómicas se comportaran de forma arbitraria. Sin embargo otros científicos han llegado a otras interpretaciones, con las que no se anula el determinismo científico; uno de ellos es Stephen Hawking, físico teórico, astrofísico, cosmólogo y divulgador científico británico, que afirma que la mecánica cuántica es determinista en si misma, ya que es posible que la aparente indeterminación se deba al hecho de intentar ajustar los conceptos clásicos de posición y velocidad, a elementos cuánticos donde estos conceptos tienen un significado totalmente diferente; de hecho ya que las partículas cuánticas presentan un comportamiento ondulatorio, es posible que en ellas no se puedan concebir las ideas de posiciones y velocidades, sino simplemente ondas.

En 1925 (mismo año en que Erwin Schrödinger dedujo su ecuación), Werner Heisenberg, un físico Alemán, enuncio su relación de indeterminación, o principio de incertidumbre, donde explicaba precisamente, cómo debido a la naturaleza de las partículas cuánticas, es imposible medir con precisión dos magnitudes físicas en ellas, como su posición y velocidad; en otras palabras, cuanta más certeza se tenga de una magnitud, menos certeza se tendrá de la otra, sabiendo así por ejemplo, donde se encuentra la particular, o con que velocidad va, pero no ambas simultáneamente. En efecto esto resulta desconcertante, si consideramos a las partículas cuánticas como bolitas microscópicas que siguen un camino determinado (la concepción clásica), donde seria fácil medir su posición y velocidad al mismo tiempo; sin embargo tal y como lo dice Stephen Hawking, si lo miramos desde otra perspectiva, tomando en cuenta el comportamiento ondulatorio de dichas partículas, resulta bastante claro que no podemos asociar una onda con una posición y una velocidad a la vez.

Tal y como se muestra en la siguientes figuras (figura 3.1 y figura 3.2), el principio de incertidumbre de Heisenberg, no es exclusivo de la física cuántica, sino de las ondas en general, pues si queremos saber cual es la posición de una onda, no podremos saberlo con certeza, pues una onda no es un elemento puntual, sino que se extiende por el espacio. Si consideramos una onda como el sonido por ejemplo, seria ambiguo preguntarnos sobre su posición, pues el sonido se propaga por todo el espacio al que tiene alcance, no es posible asociarlo con una posición puntual. Por otro lado si quisiéramos saber la frecuencia de una onda, es decir, que tan seguidas son sus ondulaciones, seria fácil saberlo, pues esta es una propiedad bastante clara y medible de las ondas. Pero cuando de alguna forma logramos localizar una vibración, para asociarla con una posición puntual (como la onda de la figura 3.1), es decir que hemos tomado una onda continua, y la hemos reducido a un pulso localizado, inevitablemente hemos hecho imposible calcular su frecuencia, porque ya no hay ondulaciones periódicas que nos permitan medir que tan seguidas son estas.

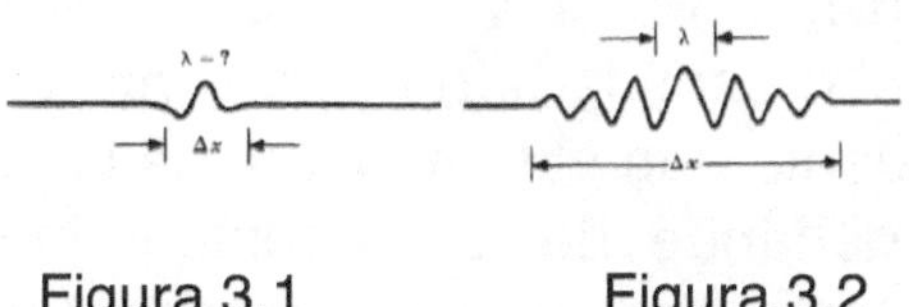

Figura 3.1 Figura 3.2

Si generalizamos esta idea al comportamiento ondulatorio de las partículas cuánticas, como los electrones y los quarks, nos damos cuenta que, en efecto, como lo dijo Albert Einstein: *"Dios no juega a los dados".* Estas partículas no se deben ver como bolitas microscópicas que actúan al azar, sino como distribuciones ondulatorias de energía, que visto así su comportamiento no tiene nada de arbitrario o azaroso, simplemente contemplan una naturaleza determinista diferente a como lo plantean los modelos clásicos de partículas. Dicha distribución ondulatoria como ya vimos antes, es descrita por la función de onda Ψ, y por la ecuación de Schrödinger; sin embargo esta no considera otro aspecto que ya tratamos anteriormente: la relatividad.

La ecuación de Schrödinger antes mencionada, al ser deducida de la definición clásica de la energía, solo es correcta para sistemas o partículas cuánticas no relativistas, es decir, que vallan a velocidades mucho menores que la de la luz; por lo que era necesario generalizar la ecuación, para dar una explicación al comportamiento de las partículas cuando alcanzan velocidades cercanas a la de la luz, y en cuyo caso, incluyen los efectos relativistas.

En 1928 Paul Dirac, ingeniero eléctrico, matemático y físico teórico británico, formulo la versión relativista de la ecuación de Schrödinger. Para esto incluyo en la ecuación los conceptos con los que Einstein relaciona la energía y la materia: $E = mc^2$ y su forma más general $E^2 = m_0^2c^4 + p^2c^2$; donde $m_0$ es la masa en reposo (velocidad cero), $c$ es la velocidad de la luz, y $p$ es el momento lineal o cantidad de movimiento y es igual a $mv$, teniendo en cuenta que esta masa $m$ es la masa relativista, por lo tanto depende de la velocidad. Incluyendo estas definiciones relativistas de la energía, Dirac llego a la ecuación que lleva su nombre, y que no es más que la generalización de la ecuación de Schrödinger para partículas relativistas, es decir con velocidades cercanas a la de la luz (obviamente el procedimiento es mucho más extenso y complejo, pero esta vez nos quedaremos solo con el resultado).

$$(j\gamma\partial - m)\Psi = 0$$ *(Ecuación de Dirac)*

A primera vista, lo que más sorprende de la ecuación de Dirac, es lo sencilla que es, al menos en cuanto a su representación matemática, pues su significado es sumamente profundo. La ecuación de Dirac explica los fenómenos más extraños del mundo cuántico, como el entrelazamiento, que explica cómo dos partículas que interactúan en un mismo estado cuántico quedaran entrelazadas, es decir que ambas están descritas por una única función de onda, y que las mediciones que se efectúen en una, afectaran instantáneamente a la otra, aunque este separadas miles de años luz. La ecuación de Dirac también predijo hechos que posteriormente se comprobarían en experimentos, como la existencia de la antimateria, partículas iguales a las que conforman la materia común, pero con carga opuesta, como el positrón, que básicamente es un electrón pero con carga positiva.

En 1933 Paul Dirac y Erwin Schrödinger, compartieron el premio Nobel de física "por el descubrimiento de nuevas formas productivas en la teoría atómica", y nos abrieron la puerta a una idea totalmente nueva del universo, de que este está compuesto en su totalidad por ondas de energía.

En la Biblia constantemente encontramos declaraciones de que el universo fue creado por la voz de Dios, de que todo fue hecho por el sonido de su voz, como lo dice el Rey David en el libro de Salmos: *"Por la palabra de JHVH fueron hechos los cielos, Y todo el ejército de ellos por el aliento de su boca. [...] Porque él dijo, y fue hecho; El mandó, y existió.* (RVR 1960, Salmos 33. 6, 9)." Las Escrituras, nos insinúan que en la voz del Creador está la esencia de su poder creador. Usualmente solemos asociar el sonido de nuestras voces con ondas acústicas, más específicamente, ondas mecánicas, que hacen oscilar las partículas que componen el aire, llevando una información desde un emisor a un receptor, el cual interpretara dichas ondas como sonido. Incluso si el receptor es el mismo emisor, (como una persona que oye su propia voz), hace falta que dichas ondas o vibraciones en el aire, sean interpretadas (por nuestro cerebro), para que las consideremos sonido. Hay un famoso kōan (problema que un maestro plantea a su alumno para comprobar su progreso) del budismo zen, que dice: *"si un árbol cae en el bosque y nadie está cerca para oírlo ¿hace algún sonido?";* A lo que muchos han llegado a la respuesta de que no puede haber sonido, puesto que este como ya dijimos antes, debe ser interpretado por un receptor, para considerarse sonido, aunque claramente la caída del árbol produciría una perturbación en el aire circundante, y por lo tanto generaría ondas en este, pero estas ondas por si solas no pueden llamarse sonido, si no son interpretadas por un receptor; por lo que podemos concluir que la realidad del sonido como nosotros lo conocemos es dependiente de nuestros sentidos; el sonido como tal no es real más que en nuestra mente. Por esta razón no podemos pensar en el sonido de la voz del Creador, como algo tan vano e ilusorio, como el sonido al que estamos acostumbrados a percibir en nuestra vida cotidiana; no puede ser una onda que se propague a través de un medio, pues antes de que todo fuera creado, tampoco existía un medio por el que una onda mecánica se pudiera propagar, ¿cómo pues el Creador habría producido algún sonido, que dieran origen a las cosas creadas?; tampoco puede ser una realidad que sea dependiente de los sentidos o la percepción de otro ser, pues el sonido del Creador debe trascender cualquier cosa creada, estando por encima de ellas, totalmente independiente de cualquier entidad o cualquier variable externa a el mismo.

En la época en la que Albert Einstein empezaba a adentrarse en los misterios de la luz, lo que más adelante lo llevarían al descubrimiento de sus teorías de la relatividad especial y general; muchos físicos ya sabían que la luz era una onda (gracias al experimento de Young antes mencionado), y apoyados en sus conocimientos previos sobre ondas mecánicas, supusieron que la luz debía ser una onda con características similares a estas, y que por lo tanto debía tener un medio por el que se propagara, pero al darse cuenta de que en el vacío del espacio no parecía haber presente ninguna sustancia, que sirviera de medio para la propagación de las ondas lumínicas, se propuso una sustancia hipotética extremadamente ligera que llenaría todo el espacio vacío como un fluido, llamado *Éter,* por el cual se propagaría la luz. El concepto de *Éter,* de hecho es mucho más antiguo, pues en la mitología griega se pensaba que este era un elemento más puro y brillante que el aire, y que era donde habitaban los dioses, por encima de la atmósfera terrestre. La palabra Éter viene del griego αιθηρ (aither) que hace alusión a algo que se encuentra por encima del cielo terrestre, y a la vez por debajo del firmamento (el cielo más allá del espacio). Incluso para Aristóteles, el Éter era el elemento del que estaba compuesto lo que el llamaba el "mundo supra lunar", mientras que el "mundo sublunar" está compuesto de los otros cuatro elementos más pesados: tierra, agua, aire y fuego.

Se pensaba que el éter era estacionario, es decir que era la referencia inmóvil en la que todos los demás objetos se movían, por lo tanto la tierra misma se estaría moviendo dentro de dicha sustancia produciendo lo que entonces llamaron el "viento del éter"; de la misma manera en que cuando vamos en un vehículo a cierta velocidad, sentimos el viento en dirección opuesta a la dirección del movimiento del vehículo. Este "viento del éter" debería causar que la luz se moviera más lento en la dirección opuesta al viento del éter, y más rápido en la dirección del viento; un efecto parecido al que causa la corriente de un río en un nadador, el cual nadara más rápido en el sentido de la corriente, y más lento en contra de la corriente. Para comprobar esto Albert Abraham Michelson y Edward Morley, llevaron a cabo lo que hoy se conoce como el experimento de Michelson y Morley, que consistía en construir un interferómetro, el cual era un instrumento que permitía medir la velocidad de propagación de dos rayos de luz emitidos por una misma fuente, en diferentes direcciones, y de esta manera comprobar si el presunto viento del éter, afectaba la velocidad de la luz en una determinada dirección.

Para sorpresa de muchos los resultados del experimento fueron negativos, pues no lograron medir diferencias en la velocidad de propagación de la luz dependientes de su dirección, suficientemente significativas para comprobar que estaban siendo causadas por el hipotético viento del éter. Michelson y Morley llegaron a la conclusión de que el concepto del éter debía de ser desechado, y le abrieron el paso a la recién publicada teoría de la relatividad especial de Einstein, donde se introducían nuevos conceptos sobre la propagación de la luz, y sobre la dinámica del espacio-tiempo, el cual no debía estar dotado de ningún medio material que permitiera la propagación de las ondas electromagnéticas (la luz), puesto que estas tienen la capacidad de propagarse en el vacío.

Retomando lo planteado anteriormente sobre la voz del Creador, podríamos considerar su sonido no como una onda mecánica, sino como una onda electromagnética, capaz de propagarse sin necesidad de un medio. Esto concordaría con el hecho de que Schrödinger y Dirac, habían dado con una composición de la materia a base de ondas, ondas de energía (pues según Einstein materia y energía son equivalentes), y por supuesto las ondas electromagnéticas, es decir la luz, es energía en su estado más puro, por lo que podríamos encajarla en el concepto de la voz del Creador; el problema es, que según Génesis 1. 3, el Creador mandó que la luz existiera (con su voz por supuesto), con lo cual podríamos decir, que la luz fue una causa del poder creador, y no la esencia del mismo. Sin embargo, visto de otra manera, podríamos proponer que la luz es una representación tangible del poder creador, ya que este no puede tener un comienzo, sino que debe existir en la misma eternidad del Creador, es decir que existe desde siempre; y que además este poder creador no puede estar sujeto a nuestros sentidos, ya que como lo expliqué antes con el sonido, la luz también es interpretada por nuestro cerebro a través de nuestro ojos, por lo que la luz, como nosotros la conocemos existe solo en nuestra mente, pero su realidad va más allá de nuestra percepción sensorial. Así pues, la luz podría ser una forma tangible del poder creador eterno que la produjo en el principio, y ya que fue la primer entidad creada, y que es energía en su estado más puro, según las teorías de Einstein, esta tranquilamente podría dar lugar a las demás cosas que existen.

En la Biblia también encontramos muy seguido, textos que hablan de que Dios es luz, como en el evangelio de San Juan capítulo 1, versículo 4, que dice: En Él estaba la vida, y la vida era la luz de los hombres; refiriéndose al hijo de Dios que por supuesto también es Dios. También en San Juan el capítulo 8, versículo 12: Yo soy la luz del mundo; el que me sigue no andará en tinieblas, sino que tendrá la luz de la vida. Y también en el libro de Salmos capítulo 27, versículo 1 dice: JHVH es mi luz y mi salvación. Así que la teoría de que el poder creador que da lugar a todas las cosas, es la luz, no en la forma tangible como nosotros la percibimos, sino como una esencia más profunda y eterna de lo que podemos entender, parece tener buen fundamento; sin embargo vale la pena ahondar más en este tema, y examinar otros puntos de vista.

Desde las primeras civilizaciones el hombre ha conocido los fenómenos de la electricidad y el magnetismo. Se dice que se observo por primera vez el magnetismo en la ciudad de Magnesia del Meandro en Asia menor, (de ahí su nombre), pues allí algunas piedras a las que llamaron imanes naturales, tenían la propiedad de atraer el hierro, que a su vez podía atraer a otros trozos de hierro; también desde la antigüedad se había observado cómo algunos minerales como el ámbar, al ser frotados atraían cuerpos ligeros, como pedacitos de papel, o semillas; sin embargo pasaron muchos siglos antes de que se formularan teorías exactas sobre lo que producía esos fenómenos, y cómo los mismos se comportaban.

En 1752, Benjamin Franklin, considerado uno de los padres fundadores de los Estados Unidos, realizo su famoso experimento de volar una cometa, con una llave colgando de la cuerda, en un cielo tormentoso, con la esperanza de que esta extrajera la energía eléctrica que se encontraba en las nubes, y así fue; Franklin observo cómo su cometa atraía un rayo de entre las nubes, y este descendía por la cuerda, llevando su energía eléctrica hasta la llave. Este experimento llevo a Franklin a inventar el pararrayos en Estados Unidos, y también estableció que los fenómenos ya conocidos desde muchos años atrás, de como el ámbar u otros minerales al ser frotados atraían cuerpos más pequeños, estaban directamente relacionados con los relámpagos en el cielo.

Las observaciones de Benjamin Franklin sobre la electricidad, sirvieron de base para los adelantos que años después llevarían a cabo otros científicos como Michael Faraday, Joseph Henry, Alessandro Volta, André-Marie Ampère y Georg Simon Ohm. (De hecho las unidades fundamentales de medida que se usan para los fenómenos eléctricos en la actualidad llevan sus nombres: Voltaje Eléctrico (Voltios), Impedancia Eléctrica (Ohmios), Corriente Eléctrica (Amperios), Capacitancia Eléctrica (Faradios), e Inductancia Eléctrica (Henrios)). Estos introdujeron los conceptos de campo eléctrico, y campo magnético; el primero asociado a unos elementos que llamaron cargas, donde la cargas positivas son fuentes de campo eléctrico, y las cargas negativas son como sumideros de dicho campo; como consecuencia las cargas con igual signo se repelen entre si, y las cargas con signos opuestos se atraen (ver figura 3.3). Por otro lado el concepto de campo magnético explica cómo los trocitos de hierro se orientan en la dirección de dicho campo, y que a diferencia del campo eléctrico, no existen cargas que sean fuentes o sumideros de campo magnético, las cuales serian un análogo de las cargas eléctricas, es decir, cargas magnéticas; sino que las líneas de campo magnético siempre se cierran sobre si mismas, como se aprecia en la figura 3.4, donde las líneas de campo no nacen del polo norte del imán, y mueren en el polo sur, sino que continúan su camino por dentro del imán, describiendo ciclos cerrados.

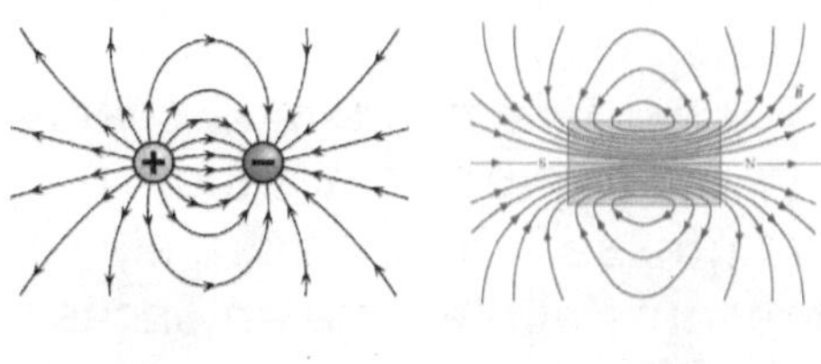

Figura 3.3 Figura 3.4

Entonces se pensaba que el campo eléctrico y el campo magnético, eran entidades separadas e independientes, sin embargo Michael Faraday y Joseph Henry al descubrir la inducción eléctrica posteriormente, se dieron cuenta de que la electricidad y el magnetismo estaban relacionados, ya que la inducción eléctrica muestra cómo si movemos un imán cerca de un elemento conductor de electricidad, como el cobre, el campo magnético cambiante causado por el imán, genera un campo eléctrico, que a su vez produce una corriente eléctrica, es decir un movimiento de cargas, en el elemento conductor; y no solo eso, sino que además, como lo descubrió André-Marie Ampère el efecto se produce también en sentido contrario, es decir, que un campo eléctrico cambiante, causado por ejemplo por una corriente eléctrica, genera a su alrededor un campo magnético. Lo primero se conoce como la ley de Faraday, la cual fue formulado por el mismo Michael Faraday en 1831 y expone que un campo magnético cambiante generara un campo eléctrico; y lo segundo se conoce como la ley de Ampère, formulada en el mismo año que la ley de Faraday, y que afirma que un campo eléctrico cambiante generara un campo magnético. Actualmente la ley de Faraday es el principio básico con e que funcionan los generadores eléctricos, por ejemplo en una hidroeléctrica, o un generador de energía eólica; la primera usa la caída del agua como fuente de energía, y el segundo usa el viento; ambos usan el mismo principio de hacer mover bobinas de cobre al rededor de imanes, para de esa manera inducir energía eléctrica en las bobinas.

Con Faraday y Ampère nos dimos cuenta que el campo magnetismo y el campo eléctrico, en efecto están relacionados, ya que se influyen entre si, y donde está uno, siempre está presente el otro; fue entonces que se empezó ya no a hablar del campo eléctrico y magnético por separado, sino de un único campo que los incluía a ambos, el campo electromagnético.

Alrededor de 1862, James Clerk Maxwell, un científico escocés, mientras ofrecía conferencias en el King's College, calculo la velocidad de propagación de un campo electromagnético, y como resultado obtuvo que este se movía aproximadamente a la misma velocidad que la luz; Maxwell tomo esto más que como una simple coincidencia, y dedujo que la luz no podía ser otra cosa, que ondas transversales propagándose a través de un medio, que no era otro sino el mismo que producía los fenómenos del campo electromagnético (el hipotético y ya antes mencionado éter). De esta manera Maxwell unifico la luz con el electromagnetismo, afirmando que el medio por el que viaja la luz, es el mismo escenario donde ocurren los eventos eléctricos y magnéticos. Pero Maxwell hizo un aporte aun más valioso, y fue el hecho de condensar las leyes que ya se habían formulado acerca de la electricidad y el magnetismo, como las leyes de Faraday y Ampère que ya mencione, y también las leyes de Gauss para el flujo eléctrico y magnético, formuladas por Carl Friedrich Gauss en 1835, que explican cómo el campo eléctrico y magnético son proporcionales a la magnitud de la carga que los produce. A estas ecuaciones se les conoce como las ecuaciones de Maxwell, (porque fue él quien las adapto y condenso, aunque no fuera el autor original de dichas ecuaciones), y juntas encierran todo lo relacionado con el campo electromagnético, que no es otra cosa, que la luz misma, de modo que para nuestro contexto podríamos llamarlas, las ecuaciones de la luz.

$$\vec{\nabla} \cdot \vec{E} = \frac{\rho}{\varepsilon_0}$$ *(Ley de Gauss)*

$$\vec{\nabla} \cdot \vec{B} = 0$$ *(Ley de Gauss del magnetismo)*

$$\vec{\nabla} \times \vec{E} = -\frac{\partial \vec{B}}{\partial t}$$ *(Ley de Faraday)*

$$\vec{\nabla} \times \vec{B} = \mu_0 \vec{J} + \mu_0 \varepsilon_0 \frac{\partial \vec{E}}{\partial t}$$ *(Ley de Ampère)*

Donde $\vec{E}$ es un vector que representa el campo eléctrico, $\vec{B}$ es un vector que representa el campo magnético, ρ es la carga eléctrica, $\varepsilon_0$ es una constante y se refiere a la permitividad eléctrica del vacío, $\mu_0$ también es constante y se refiere a la permeabilidad magnética del vacío, y el vector $\vec{J}$ representa la corriente eléctrica. Se puede apreciar por ejemplo en las leyes de Faraday y

Ampère, cómo claramente el campo eléctrico $\vec{E}$ depende del campo magnético $\vec{B}$, y viceversa.

No hace falta que entendamos a fondo las ecuaciones, para darnos cuenta de su trascendencia, y tampoco es el propósito de esto libro dar una explicación detallada de las ecuaciones matemáticas y su uso; pues basta con decir que en estas cuatro ecuaciones está descrito todo acerca del comportamiento de la luz como la conocemos, y que en ellas están unificados conceptos que antes se tomaban independientes, como la óptica (referente a la luz), la electricidad, y el magnetismo.

Lo anterior está dentro de lo que se conoce como, *teoría clásica de campos*, previa al descubrimiento de la relatividad general (pues en realidad la teoría clásica de campos también incluye la relatividad general, pero antes de su descubrimiento ya se tenia una teoría básica), que expone la naturaleza de los diferentes campos conocidos: el campo electromagnético, antes considerado como dos campos diferentes, el eléctrico y el magnético, y el campo gravitacional. Claramente al ser una teoría clásica previa a la relatividad, no considera los efectos relativistas, ni la dinámica del espacio-tiempo referentes a la gravedad, como hoy la conocemos gracias a Einstein; sino la concepción clásica de la gravedad que Isaac Newton formulo. Además, si no se concebían estos conceptos para la gravedad, mucho menos se incluían en el ámbito de los fenómenos electromagnéticos. Sin embargo esta teoría clásica de campos, ha sido la base para los descubrimientos actuales más profundos, pues sus descripciones siguen siendo vigentes (aunque más básicas que las actuales), y es en si misma, extraordinariamente precisa, y elegante.

Siempre hemos escuchado diferentes versiones, de esa historia según la cual, Newton se cuestiono sobre porque los objetos caían al suelo, y porque la luna se sostenía en el cielo, después de que una manzana le cayera en la cabeza; y que tales cuestionamientos le llevarían a formular y publicar, en su articulo *Philosophiae Naturalis Principia Mathematica* de 1687, su *Ley de la gravitación universal*; en la que describe las interacciones gravitacionales entre los diferentes cuerpos con masa. Dicha ley establece que la fuerza gravitacional entre dos cuerpos con diferentes masas, es directamente proporcional al producto de las masas, e inversamente proporcional al cuadrado de la distancia entre ellos.

$$F = G\frac{m_1 m_2}{r^2}$$

*(Ley de gravitación universal)*

Donde *F* es la fuerza gravitacional, *G* es la constante de gravitación universal, $m_1$ y $m_2$ son las masas de los cuerpos, y *r* es la distancia entre ellos. Esta ecuación describe el comportamiento de las fuerzas producidas por los campos gravitacionales.

Posteriormente en 1785 Charles-Augustin de Coulomb, formulo la *Ley de Coulomb*, que describe la fuerza generada por un campo eléctrico entre dos cargas puntuales; y enuncia que: *La magnitud de cada una de las fuerzas eléctricas con que interactúan dos cargas puntuales en reposo es directamente proporcional al producto de la magnitud de ambas cargas e inversamente proporcional al cuadrado de la distancia que las separa y tiene la dirección de la línea que las une. La fuerza es de repulsión si las cargas son de igual signo, y de atracción si son de signo contrario.*

$$F = \kappa\frac{q_1 q_2}{r^2}$$

*(Ley de Coulomb)*

Donde *F* es la fuerza eléctrica, *κ* (kappa) es la constante de Coulomb y depende de la permitividad eléctrica del medio *ε*, $q_1$ *y* $q_2$ son cargas puntuales, y *r* es la distancia entre ellas. Esta ecuación describe el comportamiento de las fuerzas producidas por los campos eléctricos; sin embargo es difícil no darse cuenta de su similitud con la ley de gravitación universal de Newton, pues ciertamente tiene la misma forma, donde la constate gravitacional se reemplaza por la constante de Coulomb, y las masas se reemplazan por cargas; incluso se pensó en plantear un análogo de estas ecuaciones, para la fuerza producida por un campo magnético, la cual seria algo como esto:

$$F = \kappa' \frac{p_1 p_2}{r^2}$$

*(Ley de Coulomb del magnetismo)*

Donde *F* seria la fuerza magnética, *κ'* seria la constante de Coulomb para el magnetismo, que en este caso dependería de la permeabilidad magnética del medio *μ*, $p_1$ y $p_2$ serian polos magnéticos puntuales, y *r* seria la distancia entre ellos. De esta forma tendríamos tres ecuaciones con exactamente la misma forma, solo cambiando sus términos, para describir los tres campos de energía conocidos: el campo gravitacional, el campo eléctrico, y el campo magnético; sin embargo la que seria la Ley de Coulomb del magnetismo, es limitada a casos específicos, por ejemplo al hecho de que los polos magnéticos deban ser polos puntuales, lo cual no suele suceder muy a menudo en la practica, por lo que la ecuación debe ser planteada de manera diferente para poder ser aplicada a casos más generales.

Tal vez se pregunte, a que se deba este despliegue de teorías y expresiones matemáticas, y en que nos pueden servir para nuestra búsqueda. Tal vez este sea un buen momento para recopilar algunos puntos que hemos tratado a lo largo de todo este libro. Primero cabe recordar que veníamos hablando sobre la luz, y de cómo esta bien podría ser una representación tangible del poder creador que da lugar a todas las cosas, después de todo, la luz fue lo primero que el Creador hizo; y que a través de este recorrido histórico sobre el estudio de los fenómenos electromagnéticos hemos encontrado que la luz es de hecho, una de las manifestaciones de un todo que encierra electricidad, magnetismo y óptica, lo cual llamamos: energía electromagnética. También que esta energía electromagnética, gracias al experimento de Thomas Young primero, y a los cálculos de Maxwell después; debe ser una energía de tipo ondulatoria, que entonces se creía que correspondían a las ondulaciones de un medio que llenaba todo el universo: el éter; aunque hoy gracias a Einstein, sabemos que el concepto de dicho éter es erróneo, y que las ondas electromagnéticas no tienen ningún problema en propagarse en el vacío del espacio-tiempo. Y hablando del espacio-tiempo, en la teoría clásica se formularon algunas ecuaciones para describir las fuerzas producidas por los campos gravitacionales y electromagnéticos, dejando ver que estos se comportan de manera muy similar, pues tal similitud se ve representada en la forma de las ecuaciones matemáticas; pero en la teoría de la relatividad general de Einstein, se contempla la posibilidad de que en el espacio-tiempo, los campos gravitacionales también se propaguen como ondas, en este caso llamadas ondas gravitacionales, que a su paso contraerían y estirarían el espacio y el tiempo; lo curioso es que Einstein calculo que dichas ondas se propagarían exactamente a la velocidad de la luz, algo muy parecido a lo que encontró Maxwell cuando quiso calcular que tan rápido se propagaba un campo electromagnético y encontró el mismo resultado, la velocidad de la luz.

Desde los primeros párrafos de este libro, he introducido la idea de una teoría unificadora, una sola teoría que lo pueda explicar todo respecto a la naturaleza de todo el universo, desde lo más pequeño y elemental, hasta lo más grande y complejo; pues bien, hasta ahora, y después de todo el viaje de conocimientos y descubrimientos que hemos hecho, todo parece apuntar hacia una misma dirección: la luz, la energía, las ondas. Recordemos que Einstein también comprobó que la materia y la energía son de hecho dos representaciones de lo mismo; así pues, si la luz es energía electromagnética, esta energía podría manifestarse también en forma de materia, y si la energía electromagnética se propaga en forma de ondas, estas ondas podrían de alguna manera condensarse para formar un cuerpo material. En otras palabras, la luz podría condensarse y dar lugar a la materia.

Recordemos lo que dice Hebreos capítulo 11 versículo 3: lo que se ve, fue hecho de lo que no se veía; y de pronto alguien protestaría y diría: “pero la luz si la podemos ver, entonces no fue de la luz que se hizo todo lo demás”; sin embargo recordemos también lo que mencioné anteriormente, de que la luz como la percibimos es solo un manifestación de algo más vasto y complejo que es la energía electromagnética; así que no nos referiremos a la luz, como el conjunto de colores que nuestro ojo puede ver, sino también a la parte del espectro luminoso que no es perceptible por nuestros ojos, y a las ondulaciones de los campos eléctricos, y de los magnéticos.

Si, también hay luz que no podemos ver, luz invisible a nuestros ojos, aunque suene irónico, pero el hecho es que el espectro electromagnético, encierra mucho más que los colores a los que estamos tan acostumbrados, de hecho estos son solo una pequeña parte, de todo lo que es la luz en realidad.

Lo que nosotros denominamos color, es dependiente de la frecuencia de las ondas electromagnéticas, es decir de que tan rápido vibran. El rojo por ejemplo es el color que corresponde a la frecuencia más baja en comparación con los demás colores; mientras que el violeta es el color que corresponde a la frecuencia más alta. Sin embargo por debajo del rojo hay más luz, correspondiente a frecuencias aun más bajas, como la luz infrarroja (pues su frecuencia está por debajo de la del rojo), las ondas de radio, y las microondas; y por encima del violeta también hay más luz, como la ultravioleta, los rayos X, y los rayos gamma; todas estas invisibles a nuestros ojos (ver figura 3.5). Cuanto más alta la frecuencia, según la ecuación de Planck, más alta será la energía.

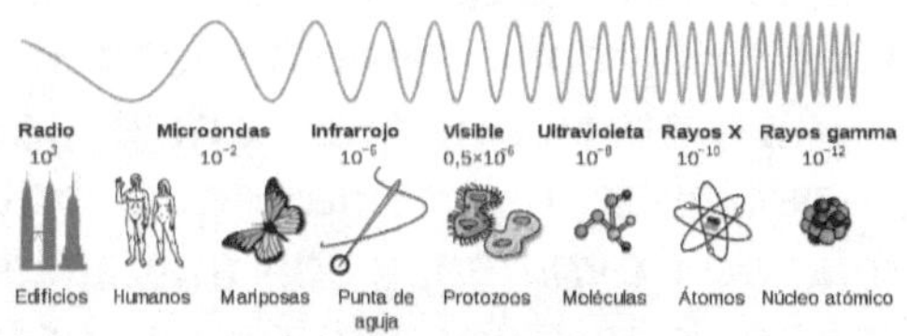


Figura 3.5

Richard Phillips Feynman, reconocido físico teórico estadounidense, a mediados del siglo XX desarrollo la teoría que unió los conceptos ya bien conocidos sobre el campo y la energía electromagnética, y la mecánica cuántica: la electrodinámica cuántica. Como ya lo expliqué, las ecuaciones de Maxwell, junto con las ecuaciones de Coulomb que describen el comportamiento del campo electromagnético, y las fuerzas generadas por este; son una concepción clásica, es decir que hasta ahora no hemos considerado la naturaleza de la energía electromagnética a nivel cuántico, a nivel subatómico; y aquí es donde entra Feynman con su teoría de la electrodinámica cuántica, con la que básicamente descubrió, que las interacciones entre las partículas subatómicas causadas por el campo electromagnético, no son más que intercambio de fotones, las partículas elementales que conforman la luz, y por lo tanto las portadoras de todos los tipos de energía electromagnética; por ejemplo, en el efecto fotoeléctrico anteriormente mencionado, se describe cómo los electrones en un átomo, pueden saltar de un nivel de energía a otro, liberando o absorbiendo fotones, y si el electrón está en el nivel de energía más alto (la capa más externa del átomo), y absorbe un fotón, el aumento de energía provoca que el electrón se separe del átomo. Este efecto demuestra que la energía eléctrica que se encuentra en el electrón, es liberada o absorbida en forma de fotones, o dicho de otra manera, que la energía asociada a la carga eléctrica e incluso a la masa del electrón (pues energía y materia son equivalentes) está compuesta por los mismos fotones que compones la luz. Feynman también ideo una manera de representar las interacciones entre las partículas elementales, mediante diagramas que hoy conocemos como *diagramas de Feynman*, y son muy útiles a la hora de reducir cálculos muy complejos a estos sencillos diagramas. Por ejemplo en la figura 3.6 está representado un electrón que luego libera un fotón, el cual luego interactúa con otro electrón; donde $e^-$ representa a un electrón y $\gamma$ (gamma) representa al fotón.

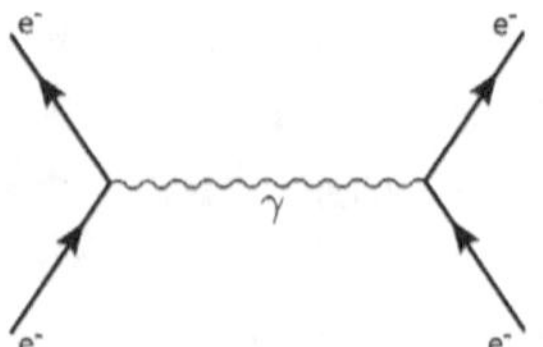


Figura 3.6

Con esta nueva concepción de la energía electromagnética, podemos ver que todos los fenómenos antes descritos en cuanto a la electricidad y al magnetismo, pueden entenderse como la manera en que las partículas liberan y absorben fotones, interactuando de esta manera entre ellas, y dejando claro que el campo electromagnético, no es otra cosa que la misma luz, compuesta de fotones; una luz que es energía pura, energía electromagnética que a su vez puede condensarse para forma partículas como electrones (con carga negativa), o positrones (con carga positiva), y estar presente en las demás partículas cargadas, las cuales también se pueden unir mediante distintas interacciones, y formar la materia como la conocemos. De esta manera hemos conseguido unificar la luz con la energía y la materia. Todo parece indicar que vamos por buen camino al afirmar que la luz, si bien fue la primera entidad creada, podría ser la que posteriormente diera lugar a las demás entidades, y que como lo dice el libro de Hebreos: si las cosas que vemos fueron creadas a partir de las que no vemos; la luz (en su mayor parte invisible a nuestros ojos materiales) podría ser también una manifestación tangible del poder creador, un poder eterno e invisible, que da lugar a lo finito y perceptible, un poder que según Génesis capítulo 1, y otros varios textos de la Biblia, radica en la voz del Creador, que si bien no es un sonido como el que solemos percibir con nuestros oídos materiales, es evidente que si debe ser una onda, una vibración que perturba la nada y la llena de algo, y que deja sus huellas ondulatorias que siguen estando presentes desde la composición de la misma luz, hasta todas las demás partículas elementales, e incluso en la naturaleza de la gravedad.

*Nota: Para tener más información sobre las ecuaciones citadas en esta sección, sobre las teorías cuánticas, véase apéndice C.*

## LA LUZ DEL CREADOR

*"Porque Dios, que mandó que de las tinieblas resplandeciese la luz, es el que resplandeció en nuestros corazones, para iluminación del conocimiento de la gloria de Dios en la faz de Jesucristo.* (RVR 1960, 2 Corintios 4. 6)."

*"Y dijo Dios: Sea la luz; y fue la luz. Y vio Dios que la luz era buena; y separó Dios la luz de las tinieblas. [...] Dijo luego Dios: Haya lumbreras en la expansión de los cielos para separar el día de la noche; y sirvan de señales para las estaciones, para días y años, y sean por lumbreras en la expansión de los cielos para alumbrar sobre la tierra. Y fue así.* (RVR 1960, Génesis 1. 3-4, 14-15)."

En la sección anterior mencioné como la Biblia en repetidas ocasiones habla de la naturaleza lumínica del Creador, afirmando que es luz; sin embargo la misma Biblia tiene más que decir sobre la naturaleza de la luz, y de como se relaciona esta con el Creador. Para empezar tenemos este versículo en 2 de Corintios capítulo 4 y versículo 6, que dice que el Creador mando que la luz resplandeciera de las tinieblas, y que también Él mismo (el Creador) resplandeció en nosotros para darnos el conocimiento de su gloria.

¿Qué información podemos obtener de este texto?; primero tenemos esa expresión que afirma que la luz resplandeció de las tinieblas, ¿cómo es esto posible?, ¿acaso de la oscuridad puede surgir luz?; y como si esto fuera poco, está este otro texto en Génesis capítulo 1, versículo 4 que dice que el Creador separo la luz de las tinieblas ¿Por qué? ¿acaso la luz y las tinieblas estaban, mezcladas?.

Regresando a la idea que tomamos a partir del texto en Hebreos 11, 3: lo que se ve fue hecho de lo que no se veía; podríamos tener la hipótesis de que lo que la Biblia menciona como "lo que no se ve", es en realidad un tipo de energía invisible asociada al poder creador de Dios, que después de ser afectada por la orden imperativa de su voz (una energía ondulatoria), dio lugar a la luz, la energía esencial presente en todo lo creado de ahí en adelante, y que a diario percibimos con nuestros sentidos.

El principio de incertidumbre de Heisenberg, del que hable al comienzo de este capítulo, postula que es imposible calcular simultáneamente y con precisión dos magnitudes físicas de un sistema cuántico, como su velocidad y su posición. Normalmente se suele expresar de la siguiente manera.

$$\Delta x \cdot \Delta p \geq \frac{\hbar}{2}$$

*(Principio de incertidumbre de Heisenberg)*

Donde $\Delta x$ es el intervalo de valores posibles que puede tomar la posición del sistema, en otras palabras la incertidumbre de la posición, $\Delta p$ es el intervalo de valores posibles que puede tomar el momento ($p = mv$; el momento es igual a la masa por la velocidad), es decir la incertidumbre del momento, y $\hbar$ es la constante de Planck ($\hbar = h/2\pi$, se usa cuando la frecuencia es expresada en radianes por segundo, y no en ciclos por segundo en cuyo caso se usa $h$ en vez de $\hbar$). Cuanto más precisa se quiera que sea la medida de la posición del sistema cuántico, es decir que $\Delta x$ tienda a ser cero; el intervalo de valores posibles para el momento $\Delta p$ se hará más grande, por lo tanto no se tendrá certeza de este; y en el sentido opuesto cuanto más precisa se quiera que sea la medida del momento, es decir que $\Delta p$ se aproxime a cero, el intervalo de valores posibles para el posición $\Delta x$ se hará más grande, y no se tendrá certeza de ella. No hay forma de tener certeza de ambas medidas $\Delta x$ y $\Delta p$ simultáneamente.

A lo que quiero llegar, es que este principio tiene otra forma de expresarse, y aplicarse ya no a la posición y el momento de un sistema cuántico, sino al tiempo y la energía, específicamente del espacio vacío, el vacío cuántico.

$$\Delta E \cdot \Delta \tau \geq \frac{\hbar}{2}$$

*(Incertidumbre de tiempo y energía)*

Donde $\Delta E$ es el intervalo de valores posibles que puede tomar la energía, y $\Delta \tau$ es el intervalo de valores posibles que puede tomar el tiempo. En síntesis, si intentamos medir la energía del vacío en un intervalo de tiempo grande, la energía tendrá un valor próximo o igual a cero; mientras que si hacemos la medida en un intervalo de tiempo bastante pequeño (próximo a cero), el intervalo de valores de energía se hará más grande, haciendo posible que haya presente una energía en el vacío, con valores diferentes de cero.

Anteriormente había hecho referencia a este concepto del vacío cuántico, afirmando que de este podían surgir partículas virtuales, para luego desaparecer casi instantáneamente, y que es de hecho de esta manera como se descubren las partículas elementales en los aceleradores de partículas. Claramente la energía promedio del vacío como un todo, puede ser cero, pues no parece haber nada allí; sin embargo según el principio de incertidumbre para tiempo y energía de Heisenberg, en intervalos de tiempo muy muy pequeños, la energía del vacío toma valores diferentes de cero, y evidentemente parece haber algo ahí. Esto se puede entender como que el vacío constantemente esta fluctuando, produciendo y destruyendo energía a partir de la nada, pero a escalas sumamente pequeñas; de hecho estas fluctuaciones energéticas del vacío son, una vez más, de naturaleza ondulatoria; pues si pensamos en una onda como el sonido, este toma valores positivos y negativos de presión en el aire, los cuales oscilan todo el tiempo a lo largo de la propagación de la onda; de manera que si quisiéramos medir el valor total de presión que produce una onda sonora, obtendríamos un valor nulo, pues los valores positivos y negativos de presión se cancelan entre si, dando un promedio de cero; pero si hacemos una medida distinta, reduciendo el rango temporal a un intervalo de tiempo pequeño, en el que la onda sonora no haya tenido tiempo de oscilar hacia valores positivos y negativos de presión, obtendríamos un valor de presión concreto, diferente de cero. De nuevo el principio de incertidumbre de Heisenberg no es exclusivo de los fenómenos cuánticos, sino aplicable a las ondas en general.

De la misma manera que el sonido produce valores positivos y negativos de presión en el aire a lo largo de su propagación, el vacío también produce constantemente valores positivos y negativos de energía que se cancelan entre si, dándonos la impresión de que no hay nada, y que estos valores de energía diferentes de cero, solo pueden ser medidos a intervalos de tiempo muy pequeños, estrictamente, más pequeños que la velocidad de las oscilaciones del propio vacío, más estrictamente, menor o igual que la mitad de la constante de Planck $\hbar$ (según la expresión matemática del principio de incertidumbre).

Entonces de la nada puede surgir algo, de las tinieblas puede resplandecer la luz; sin embargo hay que tener en cuenta también que para intervalos de tiempo más amplios, el principio de incertidumbre dicta que la energía del vacío tiende a cero, lo cual ya se explico como una consecuencia de que el vacío cuántico fluctúa tanto en valores positivos de energía como en negativos. Esto significa, ya que la energía y la materia son equivalentes, que un valor negativo de energía implica la posibilidad de un valor negativo de materia; y si, por increíble que parezca, la materia también puede tomar valores negativos. Este hecho nació de una de las deducciones de la ecuación de Dirac, la cual predecía la existencia de electrones con energía negativa; ya que el electrón tiene carga negativa, este supuesto electrón con energía negativa debía tener carga positiva. Dicha predicción, fue demostrada experimentalmente en el año 1932 con el descubrimiento del positrón, (un electrón con carga positiva). Posteriormente la idea se generalizo a todas las partículas elementales, introduciendo el concepto de *antipartículas*, que tienen la misma masa y espín[2] que las partículas ordinarias, pero con carga opuesta; estas antipartículas por supuesto, han sido observadas y comprobada su existencia, en los aceleradores de partículas. Ahora bien, si existen las antipartículas, por ende existe la antimateria, pues si tomaremos por ejemplo un anti-protón, y un positrón (anti-electrón), obtendríamos un átomo de anti-hidrógeno; y así sucesivamente con cualquier elemento. En efecto, la antimateria es una consecuencia ineludible de la existencia comprobada de las antipartículas.

Aun falta un aspecto por considerar, y es que si bien es cierto que el principio de incertidumbre posibilita que del vacío surja materia-energía, esta solo existe por un periodo brevísimo de tiempo, ya que se crea en pares de partículas

---

[2] El espín es una propiedad de las partículas cuánticas, que se puede asociar al momento angular clásico, que es un análogo del momento lineal para el movimiento rotacional. En el caso de las partículas el espín es una propiedad de la partícula y tiene un valor fijo característico de cada partícula. Puede entenderse como que las partículas giran sobre si mismas.

y antipartículas (energía positiva y negativa respectivamente), que inmediatamente luego vuelven a aniquilarse entre si, regresando a la nada; y también que esta materia-energía solo se produce en cantidades muy pequeñas. Entonces ¿cómo puede el Creador hacer que la luz exista por un intervalo de tiempo tan largo, y en cantidades tan altas?.

Primero, y para conveniencia del caso, el fotón no tiene antipartícula, pues no tiene carga, es decir que su carga es cero, y como el cero no tiene signo, su opuesto es él mismo; por lo tanto la antipartícula del fotón, es el mismo fotón; pero esto no significa que los fotones puedan surgir del vacío y existir indefinidamente, pues un par de fotones se pueden aniquilar entre ellos si ambos surgen del mismo estado cuántico; pero si abre la posibilidad a que otros pares de partículas y antipartículas emitan su energía en forma de fotones. Por ejemplo si un electrón y un positrón se aniquilan entre si, podrían luego emitir un par de fotones, que equivalgan a la cantidad de energía en las dos partículas iniciales, como se muestra en la figura 3.7, donde $e^-$ es un electrón, $e^+$ es un positrón, y $\gamma$ son fotones.

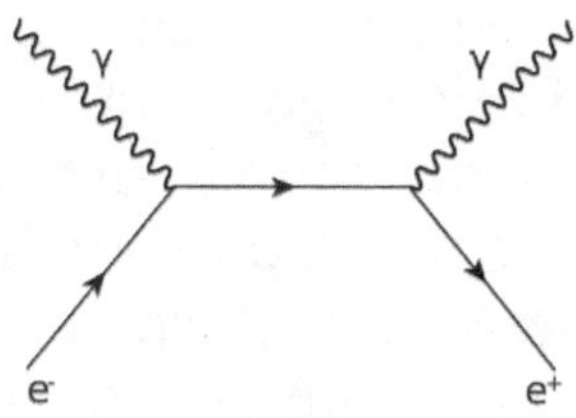


Figura 3.7

Podríamos mostrar muchos ejemplos, de cómo se crean y se destruyen pares de partículas y antipartículas en el vacío, de cómo estas pueden emitir su energía en forma de fotones, que luego también se aniquilen, y finalmente el vacío seguirá siendo vacío, aunque inestable; pero por muy inestable que sea, no vasta solo con esto para que consideremos la posibilidad de que todo un universo surja de él. En los aceleradores de partículas por ejemplo, cuando se pretende descubrir nuevas partículas, estas no surgen del vacío así como así; hace falta aplicarle una cantidad de energía bastante considerable, para que de este al fin surja alguna partícula; en resumen, lo que hacen estos aceleradores, es utilizar la energía que se produce en la colisión de otras partículas conocidas, para excitar el vacío y que de este surjan nuevas partículas, y cuanto más energéticas sean las partículas que se quieren ver, mayor energía hay que aplicarle al vacío. Entonces como venia diciendo, no basta solo con que el vacío sea inestable, hace falta excitarlo con una gran cantidad de energía, si queremos que de él surja una cantidad de energía significativa, de lo contrario las fluctuaciones del vacío cuántico son muy pequeñas como para ser tomadas en cuenta y mucho menos para que estas logren de algún modo formar todo un universo, y de todas maneras, aunque se logre excitar el vacío lo suficiente como para que de este surja una buena cantidad de energía, esta se crearía en pares de partículas y antipartículas, que se terminarían aniquilando entre si.

En los agujeros negros, predichos por la teoría de la relatividad general de Einstein, ocurre algo curioso. Según la teoría de la relatividad, un agujero negro es una región del espacio-tiempo que se ha curvado a tal extremo, que su intensa gravedad impide que cualquier partícula, incluida la luz, pueda escapar de él. Estos se pueden producir de varias formas, pero la más común, es cuando una estrella muy masiva agota su energía y entonces cae sobre su propia gravedad, comprimiendo su masa de tal manera, que la curvatura espacio-temporal que genera produce un agujero negro. Para entender mejor este fenómeno, podemos imaginar que toda la masa de la tierra se comprimiera al tamaño de una bola de golf; esta tendría la misma masa y atracción gravitacional de la tierra, pero seria mucho más pequeña. Aproximadamente a esa misma escala es que se comprime la masa de una estrella cuando da lugar a un agujero negro. Como consecuencia de su intensa atracción gravitatoria, el agujero negro tiene lo que se conoce como *horizonte de sucesos*, y básicamente marca el limite en el que las cosas quedan atrapadas para siempre en el agujero; de modo que cualquier cosa que quede dentro del horizonte de sucesos, nunca jamás podrá escapar de la gravedad del agujero negro, pero si algo esta por fuera de ese horizonte, aún tiene oportunidad de escapar si acelera lo suficiente. Este hecho, y en conjunto con el principio de incertidumbre de Heisenberg, llevo a Stephen Hawking en 1976 a afirmar que un agujero negro podría emitir radiación, ya que según el principio de incertidumbre, en el vacío se generan constantemente pares de partículas y antipartículas que se aniquilan inmediatamente después, y que si estos pares partícula-antipartícula se generan en el horizonte de eventos de un agujero negro, una de las partículas podría quedar atrapada dentro del agujero, mientras que la otra podría escapar, impidiendo así que se aniquilen, y provocando que el agujero negro emita radiación. A este fenómeno se le conoce como radiación de Hawking, en honor a quien postulo su existencia.

De hecho la radiación de Hawking, no solo puede darse en horizontes de agujeros negros, sino que gracias a la dinámica del espacio-tiempo, y los efectos gravitatorios que esta causa, del vacío podrían surgir pares de partículas y antipartículas, que luego no pudieran aniquilarse porque la gravedad se los impediría. Y esto es lo que muchos científicos (principalmente el propio Stephen Hawking), afirman que sucedió en el principio: una emisión espontánea de energía a partir del vacío, que debido a influencias gravitatorias del espacio-tiempo, no pudo regresar a la nada, sino que continuo existiendo hasta hoy, formando todo lo que conocemos.

Anteriormente mencione como el matemático Aleksandr Fridman propuso una solución a la teoría de la relatividad general, que afirmaba que el universo estaba en constante expansión; resultado que luego fue corroborado por los cálculos del sacerdote belga Georges Lemaître, y por las observaciones del astrónomo Edwin Hubble. Georges Lemaître fue el primero en darse cuenta de la evidente consecuencia de un universo en expansión; y es que si el universo se expande continuamente, debió empezar siendo muy pequeño. Con este principio George Lemaître propuso la famosa y polémica teoría llamada *El Big Bang*, donde afirmaba que el universo tendría que haber comenzado siendo sumamente pequeño, muy denso y muy caliente[3], y que a partir de ahí se habría empezado a expandir, enfriándose y formando las estructuras que hoy observamos en el espacio, y que dicha expansión continuaría hasta el presente (siendo ya comprobado este ultimo hecho); y es que resulta bastante irónico, que una teoría que hoy muchos creyentes rechazan por refutar la versión bíblica de un universo causado por un Creador superior, fuera formulada precisamente por un sacerdote al que en su época, muchos señalaron y criticaron porque su teoría "beneficiaba sus creencias religiosas"; y es que si bien hoy en día la teoría del Big Bang es aceptada por la gran mayoría de la comunidad científica, y rechazada por la gran mayoría de los que creen en la versión Bíblica, en la época de Lemaître era exactamente al revés, pues muchos científicos no aceptaban la idea de que el universo tuviera un inicio, pues esto implicaba un iniciador. Esta visión fue

---

[3] Una de las leyes de la termodinámica, la ley de los gases ideales; expresa que la temperatura de un gas, es proporcional al producto de su volumen y su presión. Es decir que si el volumen de un gas se mantuviera constante y su presión aumentara, su temperatura también aumentaría. Esto es lo que Georges Lemaître dedujo que pasaría con el universo primitivo, en donde la materia y la energía estarían tan condensados, y bajo una presión tan alta, que la temperatura de todo el sistema (que se comportaría como un gas), seria extremadamente alta.

cambiada por Stephen Hawking, quien hizo su propia apreciación de la teoría del Big Bang, afirmando como ya lo expliqué antes, que el universo puede surgir de la nada, significando esto que aunque la teoría del Big Bang sea cierta, esta no obliga a que haya un Creador.

Hawking dedujo, al igual que Lemaître, que si el universo se expandía conforme pasaba el tiempo, debió haber iniciado muy pequeño; que si retrocedíamos en el tiempo, el universo se iría encogiendo más y más hasta llegar a un punto donde la materia y la energía estuvieran tan condensadas, que causarían efectos gravitatorios extremos en el espacio-tiempo, y que a la vez seria tan caliente, que toda la energía contenida en el espacio seria sumamente inestable. De hecho Hawking llego a la conclusión de que en su comienzo, el universo tendría propiedades muy similares a las de un agujero negro, pero en sentido contrario. Mientras que un agujero negro es un punto de materia y energía tan condensados, que va consumiendo todo lo que cae dentro de él debido a la inmensa gravedad; el inicio del universo seria también una extrema condensación de materia y energía, pero que en ves de consumirlo todo, lo expulsaría todo, produciendo así el famoso Big Bang; y de hecho las fuerzas gravitacionales presentes en ese momento, debidas a la energía y la materia tan condensadas, podrían crear como en el agujero negro, "horizontes" que impedirían que las partículas y antipartículas generadas por las fluctuaciones del vacío se aniquilaran entre si, haciendo posible que sigan existiendo hasta hoy.

La radiación de Hawking fue el primer acierto en la búsqueda de una teoría que unificara los dos grandes pilares de la física moderna, la relatividad general, y la mecánica cuántica; y aunque no es una teoría completa, en el sentido de que concilie por completo ambos pilares, si es el primer vislumbre del hecho de que dicha unificación es posible, pues esta logra reunir en una sola ecuación, aspectos de la relatividad general, referentes a la naturaleza de los agujeros negros, y los horizontes en el espacio-tiempo; y de la mecánica cuántica, en cuanto a las fluctuaciones del vacío, y la naturaleza de las partículas elementales.

Evidentemente Hawking utiliza estas teorías con una intención subjetiva, de negarse a creer que existe un Creador, pues según el mismo Hawking "es el camino más fácil", y él también a confesado que prefiere creer que no existe una deidad superior, que le de origen y orden a todo lo que existe; sin embargo esta perspectiva no tiene un fundamento científico o matemático, sino solo la perspectiva preferente de Hawking; pero la teoría en si misma si lo tiene. En este orden de ideas, no es justificable que desechemos la teoría, solo por la interpretación subjetiva que le da el que la formula, pues la interpretación no tiene veracidad matemática, pero sí la teoría como tal. En las palabras de Galileo Galilei: *"Las matemáticas son el lenguaje con el que Dios escribió el universo".*

Existen errores muy comunes, en cuanto al entendimiento de teorías científicas por parte del publico en general, a causa de la desinformación sobre estas. Una de las teorías más malentendidas por el publico, es precisamente la teoría del Big Bang, y uno de los principales errores es creer que esta explica cómo se origino el universo, haciendo a un lado la versión bíblica de que el universo fue creado por Dios; o en otras palabras, remplazando a Dios por el Big Bang. Sin embargo ningún científico esta de acuerdo con esta idea, al contrario, ellos mismos afirman que ningún científico puede formular una teoría que describa con precisión cómo se origino el universo; no tienen ni idea de qué fue lo que hizo que el universo existiera; el Big Bang por otro lado explica lo que ocurrió con el universo justo después de su creación, en los primeros instantes de su existencia, y cómo evolucionó de ahí en adelante hasta la actualidad. La teoría del Big Bang no aporta una teoría de la creación del universo, sino de sus inicios, y de su evolución en el tiempo. Otro error respecto a esta teoría, es la idea de que fue una explosión, que hizo que desde un punto muy pequeño en el espacio se esparciera toda la materia y la energía en el universo; lo cual tampoco es cierto. A pesar del nombre que se le dio, el Big Bang no fue una explosión, pues una explosión necesita un combustible y un detonador, los cuales no son concebibles en el inicio del universo, y mucho menos como una causa de su creación; lo que si afirma la teoría es que el espacio y el tiempo comenzaron estando muy comprimidos y que luego empezaron a expandirse, y que hasta el día de hoy dicha expansión continua; de modo que no debería llamarse Big Bang o "Gran Explosión", sino más bien "Gran Expansión". Además de esto la idea de que el universo haya estado comprimido en un punto muy muy pequeño, es un poco carente de sentido, pues si bien el universo podría ser infinito, aunque de esto nadie esta totalmente seguro, si lo fuera, no importaría que tanto se comprimiera, seguiría siendo infinito; dicho de otra manera, es imposible que una cantidad infinita de espacio y de tiempo, esté comprimida en un espacio finito.

En resumen, y para sorpresa de muchos, el Big Bang no fue ni una explosión, ni el universo comprimido en un punto pequeño, y tampoco explica cómo se creo el universo; más bien se debe entender como la forma en la que el universo lleva expandiéndose desde sus inicios, y que debido a esto, el espacio y el tiempo debieron haber empezado muy comprimidos, lógicamente comprimiendo toda la materia y la energía contenida, de modo que el universo se encontraría en un estado muy denso y muy caliente.

El estado inicial del universo era tan denso y caliente, que las partículas elementales que habían surgido de las fluctuaciones del vacío cuántico no habían podido agruparse para formar átomos, y ni siquiera los fotones, las partículas de la luz, habían podido propagarse con libertad, pues la densa cantidad de partículas presentes en todas partes hacia rebotar los fotones de un lado a otro, aprisionándolos. Después de un tiempo el universo se expandió y se enfrió lo suficiente, para que las partículas elementales pudieran empezar a unirse unas con otras y formar núcleos atómicos, con electrones orbitando a su alrededor; habían nacido los primeros átomos livianos, como el hidrógeno, y el helio. Este nuevo estado también permitió que los fotones se empezaran a mover más libremente, y a propagarse por todo el espacio; había nacido la luz, una luz primitiva que después de muchos años viajando a través del espacio en expansión llegaría hasta nosotros. En efecto, esta luz primitiva liberada en los inicios del universo ha sido detectado por numerosos instrumentos aquí en la tierra, como telescopios, satélites, antenas de radio, etc. Se le conoce como *Radiación de Fondo de Microondas* o *CMB* por sus siglas en ingles (Cosmic Microwave Background), pues la constante expansión del espacio ha estirado tanto sus longitudes de onda, que cuando llego a nosotros lo hizo en forma de microondas (ver figura 3.5). Esta radiación puede ser detectada muy fácilmente por cualquiera de nosotros, basta con sintonizar un radio en una frecuencia donde nadie esté transmitiendo ninguna señal, y escucharemos un ruido de fondo correspondiente a esa radiación; también en las antiguas antenas de televisión, cuando estaban mal sintonizadas, se podía ver una llovizna en la pantalla, también a causa de la radiación de microondas. Por mucho tiempo los científicos pensaron que esta radiación captada por sus instrumentos, se debía a algún tipo de interferencia generada aquí en la tierra, o a alguna falla de los mismos instrumentos; pero luego de descartar todas las posibilidades, se dieron cuenta de que provenía del espacio, y que además llevaba mucho tiempo viajando por él antes de llegar hasta nosotros; aproximadamente unos 13.700 millones de años.

Como lo dice la teoría de la relatividad, la luz viaja con cierta velocidad en el vacío, por lo cual la luz de las estrellas, planetas y galaxias que observamos en el cielo, tarda cierto tiempo en llegar hasta nuestros ojos dependiendo de la distancia a la que se encuentren de nosotros, y ya que las distancias en el universo son colosales, la luz tarda bastante tiempo en traernos información sobre esos objetos lejanos, de modo que cuando los vemos, en realidad estamos viendo cómo fueron en el pasado, no cómo son en ese instante. Las distancias interestelares son tan grandes, que las unidades que se suelen utilizar para medirlas son los *años luz* (la distancia que recorre la luz, en un periodo de tiempo de un año)[4]. Entonces, si miramos al cielo y observamos por ejemplo la estrella más cercana a nuestro sistema solar, Proxima Centauri, la cual esta a unos 4,23 años luz de distancia, la veríamos como fue hace 4,23 años, no como es ahora. De esta manera entendemos que mirar al cielo es mirar al pasado, y cuanto más lejos miramos, más hacia atrás nos remontamos en el tiempo. Utilizando este argumento es que muchos han desechado la creencia de que el universo lleva existiendo solo unos 6 mil años aproximadamente (tiempo calculado según una interpretación literal de la Biblia), pues si esto fuera cierto, no podríamos ver nada en el cielo que estuviera más allá de 6 mil años luz, pues la luz de esos objetos no habría tenido tiempo de llegar hasta nosotros. Es así como se sabe que la Radiación de Fondo de Microondas corresponde a la luz primitiva de los inicios del universo,

[4] Si la velocidad de la luz es aproximadamente 300.000 kilómetros por segundo, entonces un año luz equivale a esa cantidad multiplicada por el número de segundos en un año, es decir:
60 segundos/minuto x 60 minutos/hora x 24 horas/día x 365 días/año = 31'536.000 segundos/año.
Luego: 300.000 kilómetros/segundo x 31'536.000 segundos = 9"460.800'000.000 kilómetros (9 billones 460 mil 800 millones de kilómetros).

pues es la más lejana que podemos observar en el cielo, y por lo tanto la más antigua.

La Radiación de Fondo de Microondas (ver figura 3.8) contiene información muy valiosa sobre el universo primigenio; gracias a ella se comprobó tal y como lo habían predicho, que el universo había empezado siendo sumamente denso y caliente; incluso aporta información sobre los elementos recién creados en ese momento, en el que los primeros rayos de luz fueron liberados al espacio, hasta que llegaran a nosotros en forma de microondas.

Figura 3.8

---

## EL GRAN ARQUITECTO

*"¿Dónde estabas tú cuando yo fundaba la tierra? Házmelo saber, si tienes inteligencia. ¿Quién ordenó sus medidas, si lo sabes? ¿O quién extendió sobre ella cordel? ¿Sobre qué están fundadas sus bases? ¿O quién puso su piedra angular, Cuando alababan todas las estrellas del alba, Y se regocijaban todos los hijos de Dios?* (RVR 1960, Job 38. 4-7)."

*"Que formo la luz y creo las tinieblas, que hago la paz y creo la adversidad. Yo JHVH soy el que hago todo esto. […] Porque así dijo JHVH, que creó los cielos; él es Dios, el que formó la tierra, el que la hizo y la compuso; no la creó*

*en vano, para que fuese habitada la creó: Yo soy JHVH, y no hay otro.* (RVR 1960, Isaías 45. 7, 19)."

¿Qué dice la Biblia respecto a esto?. El relato Bíblico que hace referencia a la creación de todas las cosas, se encuentra por supuesto en el libro de Génesis capítulo 1; en él se encuentran una gran cantidad de pistas y de indicios sobre el proceso de creación del universo, que a pesar de la simpleza de la forma en que se relatan, para un lector con buen uso de su sentido común, son imposibles de ignorar. Para asegurarme de hacer un análisis lo suficientemente claro, objetivo y profundo sobre este pasaje, lo dividiré en cada versículo que compone el relato completo, y resaltare los aspectos más relevantes de cada uno de ellos.

Versículo 1: En el principio creó Dios los cielos y la tierra. (RVR 1960, Génesis 1. 1): Ya he hablado anteriormente del concepto de principio, el cual implica que no pudo haber nada antes de él, sino fuera así, llamarlo El Principio seria ilógico. Sin embargo también he aclarado que el contexto eterno en el que se encuentra el Creador, lo excluye de variables temporales; no es que el Creador haya existido "antes del principio" lo cual es un sin sentido, sino que la existencia del propio creador no esta ligada a conceptos de principio o de fin, por lo cual, lo que para nosotros fue un principio, para el Creador es atemporal. El termino principio hace referencia al tiempo, mientras que el cielo y la tierra, pueden ser una forma de hablar del espacio y la materia; de modo que el texto: "En el principio creó Dios los cielos y la tierra"; enmarca la trinidad de la creación, espacio tiempo y materia, los elementos básicos de todo el universo. Ya que materia y energía son equivalentes, no es obligatorio que el texto se refiera a la tierra, como materia solida, sino que puede estarse refiriendo a la energía primordial que más adelante daría forma a estrellas y planetas.

Versículo 2: Y la tierra estaba desordenada y vacía, y las tinieblas estaban sobre la faz del abismo, y el Espíritu de Dios se movía sobre la faz de las aguas. (RVR 1960, Génesis 1. 2): Aquí se deben tratar tres aspectos por separado; el primero es que la tierra estaba desordenada y vacía. Originalmente el texto en hebreo, dice algo más o menos como, *"la tierra era confusión"*; otras traducciones también pueden ser, *"la tierra era caótica"* o *"la tierra era sin forma"*; y a partir de esto la pregunta surge casi de inmediato: ¿si la tierra no tenia forma, entonces como era?; y la respuesta no puede ser otra que lo que dice el propio texto: la tierra no tenia ninguna forma; concordando esto con lo planteado en el versículo anterior, que la materia primordial que formaría más adelante planetas y estrellas, incluyendo la de nuestro propio planeta tierra, en ese momento no había adoptado forma alguna, pues era energía pura; por lo que claramente la tierra aunque ya existía, no lo hacía en la forma que hoy en día la conocemos, sino en sus elementos fundamentales, y sin ninguna forma (desordenada). El segundo aspecto es el que menciona el texto, diciendo que las tinieblas estaban sobre la faz del abismo; esto es fácil de entender si consideramos lo que expliqué anteriormente sobre como en el nacimiento del universo, la materia y energía estaban tan condensados, y tan calientes, que el revoltijo de partículas ahí presentes no podían organizarse para formar átomos, y por lo tanto, los fotones no dejaban de interactuar con partículas cargadas por todas partes, haciéndoseles imposible propagarse libremente por el espacio; en otras palabras, la energía era tan densa y tan caótica, que la luz, aunque ya existía, estaba aprisionada por las demás partículas, por lo que si pudiéramos presenciar con nuestros ojos aquel momento, solo veríamos oscuridad. Y por ultimo, el versículo termina diciendo que el Espíritu de Dios se movía sobre la faz de las aguas. Antes de darle explicación a esta ultima parte del versículo 2, debo aclarar que al ser una narración sobre el comienzo de toda la creación, no podemos acuñar definiciones que el mismo texto no haya dado antes; en este caso por ejemplo, no es prudente interpretar la palabra "aguas" como el liquido con el que estamos familiarizados, sino que debemos dejar, que el mismo relato nos de sus propias definiciones. Dicho esto, es notable que la palabra "aguas" aparece por primera vez en la Biblia en este versículo, y no se nos da una definición anterior para entender a que se refiere; sin embargo en el versículo 1, cuando dice que Dios creó los cielos, originalmente en el texto hebreo se utiliza la palabra *Shamaim* (שָׁמַיִם), que se deriva de las palabras *Esh* (אֵשׁ) que significa 'fuego', y *Maim* (מַיִם) que significa 'aguas'; para referirse a estos (los cielos). Como todos sabemos, cuando el agua liquida se somete al fuego, o a altas temperaturas en general, esta se evapora, pasando a un estado gaseoso; en ese estado es fácil para nosotros asociarla al aire, incluso al cielo, y tal vez sea por esta razón, que la raíz hebrea para la palabra "cielos", incluya los conceptos de agua y fuego. Ya habíamos contextualizado la palabra "cielos" en le versículo 1, como una referencia al espacio en general; por otro lado en el contexto del versículo 2, la palabra "aguas" debería hacer referencia a un estado del espacio más denso (el agua es más densa que el aire), por lo que puede estar incluida en este versículo, para darnos una idea del estado denso y comprimido del espacio primitivo de los inicios del universo; pero más que eso el texto nos afirma que el Espíritu de Dios, es decir el comando y la dirección del Creador, estaban presentes en ese momento, tomando el control de todo lo que sucedía en el espacio y el el tiempo.

Versículo 3: Y dijo Dios: Sea la luz; y fue la luz. (RVR 1960, Génesis 1. 3): Como lo expliqué antes, para este momento el universo se habría expandido y enfriado lo suficiente, como para que las partículas presentes en el plasma del universo primigenio, se agruparan y formaran los primeros átomos; esto le dio vía libre a los fotones, para que se esparcieran por toda la creación; por primera vez había luz; por primera vez, si hubiéramos estado allí en ese momento, habríamos podido ver algo con nuestros ojos; la luz había sido liberada de su prisión de tinieblas, tal y como lo dijo el apóstol Pablo en su segunda carta a los Corintios "Porque Dios, que mandó que de las tinieblas resplandeciese la luz, es el que resplandeció en nuestros corazones, para iluminación del conocimiento de la gloria de Dios en la faz de Jesucristo. (RVR 1960, 2 Corintios 4. 6)". Esto marcaría un antes y un después en la historia de toda la creación, porque definitivamente una creación con luz, es un universo nuevo; ese paso de las tinieblas a la luz, es una idea que se repite a o largo de todas las escrituras, como por ejemplo en la primera carta del apóstol Pedro donde dice: "Mas vosotros sois linaje escogido, real sacerdocio, nación santa, pueblo adquirido por Dios, para que anunciéis las virtudes de aquel que os llamó de las tinieblas a su luz admirable. (RVR 1960, 1 Pedro 2. 9); es evidente que aquí se refleja nuevamente un aspecto clave de la naturaleza del Creador, una naturaleza de luz.

Versículo 4: Y vio Dios que la luz era buena; y separó Dios la luz de las tinieblas. (RVR 1960, Génesis 1. 4): Desde este momento el Creador estableció, que nunca más la luz estaría aprisionada por las tinieblas, sino que de ahí en adelante habría siempre una especie de barrera natural, que impediría que la luz y las tinieblas estuvieran en el mismo lugar; de hecho la Biblia en otros pasajes nos afirma que la luz siempre prevalece sobre las tinieblas, pues aunque esta ultima al principio aprisiono a la luz, esta fue liberada y su antigua prisión no la podrá contener nunca más; como claramente lo dice el evangelio de Juan en el capítulo 1, verso 5: "La Luz en las tinieblas resplandece, y las tinieblas no prevalecieron contra ella". Al mismo tiempo esto responde a la pregunta anterior sobre por qué el Creador encontró necesario separar la luz de las tinieblas, pues para nosotros hoy en día, claramente la luz no puede estar juntamente con las tinieblas, pues es algo propio de su naturaleza (según nuestra percepción actual); sin embargo encontramos que efectivamente, la luz y las tinieblas estaban de cierta manera unidas en un solo conjunto, y que fue necesario que el Creador ordenara con su poderosa voz, que la luz fuera liberada de en medio de las tinieblas, y que se estableciera un limite infranqueable que impidiera para siempre que las tinieblas volvieran a prevalecer sobre la luz, como sucedió en ese breve momento del comienzo de la creación.

Versículo 5: Y llamó Dios a la luz Día, y a las tinieblas llamó Noche. Y fue la tarde y la mañana un día. (RVR 1960, Génesis 1. 5): Hemos llegado ya a un punto bastante polémico, pues entre los defensores de este relato Bíblico se discute mucho sobre el significado de "día" en este contexto. Por un lado están los que defienden que las escrituras no deben tener ambigüedades o abstracciones que puedan confundir al lector, y que por lo tanto la explicación más sencilla debe ser la correcta, y se debe asumir en este caso particular que la palabra "día" se refiere a un día de 24 horas, tal y como lo entendemos actualmente. Lógicamente esta declaración despierta muchas inquietudes, y nos puede llevar a formular preguntas como, ¿cómo es posible que se creara todo el universo en tan solo 6 días literales?, o ¿cómo se podía medir la duración de un día de 24 horas, cuando ni siquiera se había formado la tierra o el sol?. Para responder a estos y a otros cuestionamientos, los defensores de esta versión de los 6 días literales de 24 horas, argumentan en primer lugar, que los primeros dos versículos, se refieren al acto de creación en si mismo, ejecutado por el Creador, resaltando que en ellos no se establece el tiempo transcurrido durante dicho acto de creación y que efectivamente podrían haber pasado millones o miles de millones de años durante este proceso; y en segundo lugar, que lo narrado a partir del versículo 3 se refiere a las observaciones de un personaje imaginario[5] que estaría parado sobre la superficie de la tierra (ya creada y formada), y que este vería cómo en el primer día, la luz del sol lograría penetrar la densa y oscura atmósfera de la tierra recién formada, aunque no se distinguiría el propio sol, luego vería cómo la densa atmósfera se empezaría a despejar dejando ver el firmamento, más adelante el cielo se despejaría lo suficiente para que se distinguiera el sol, la luna y las estrellas, y en resumen, el presunto observador seria testigo del proceso en el que las condiciones en la tierra irían evolucionando, en un periodo de tiempo de 6 días literales de 24 horas (los 6 días mencionados en el texto Bíblico). Dicho de otra manera, según esta versión, lo que se menciona a partir del versículo 3 son observaciones desde un determinado punto de vista, más no el acto de creación como tal, pues este es mencionado en los primeros dos versículos. Por otro lado, la versión que traigo a colación, otorga una mirada diferente, pues pretende ahondar en los detalles de los actos creativos, y no solo en meras observaciones, de tal modo que los seis días mencionados en este pasaje Bíblico no pueden ser literales en esta versión, pues la complejidad y la riqueza en conocimiento que encierra cada "día" de creación, no pueden de ninguna manera caber en un espacio de tiempo tan limitado como lo son 24 horas. Como lo dije antes es preferible dejar que el mismo texto nos de sus propias definiciones, y no intentar explicarlo con nuestros propios conceptos preconcebidos, como anteriormente en el caso de "aguas", o en este caso, "día". Si leemos detenidamente este versículo 5, nos damos cuenta que el propio Creador le da nombre a cada cosa, y utiliza sus propias definiciones

[5] Se dice que es imaginario, pues para ese momento no había sido creado ningún ser vivo, por lo que en realidad nadie estaría observando los sucesos asociados a la reciente creación. más bien lo que se intenta explicar es el punto de referencia en el cual alguien tendría que haber estado ubicado, para que sus observaciones coincidieran con lo narrado en la Biblia.

para introducir nuevos conceptos; primero le da nombre a la luz, y la llama “día”, y luego hace lo mismo con las tinieblas llamándolas “noche”; hasta aquí ni el día ni la noche son conceptos de tiempo, sino simplemente luz y oscuridad; luego el texto afirma, que hubo tarde (asociada a la oscuridad), y hubo mañana (asociada la la luz), y así se completo un día. No hay mucho más que decir respecto a esto, pues es claro que la definición de día no esta ligada a un periodo de tiempo establecido, o al menos no hasta este momento, sino que se hace referencia a él como una transición que va desde la oscuridad hasta la luz; de la tarde a la mañana.

Versículo 6: Luego dijo Dios: Haya expansión en medio de las aguas, y separe las aguas de las aguas. (RVR 1960, Génesis 1. 6): Antes expliqué que el termino “aguas” no se definía dentro del texto Bíblico, a pesar de que en el versículo 2 aparece por primera vez sin dar antes una definición de él; sin embargo nos hemos podido valer de lo que el texto nos ha dado, para entender a que se refiere el versículo, diciendo que la palabra “aguas” esta relacionada con la palabra “cielos”, siendo las aguas un estado más denso del espacio al que también se refieren los cielos, es decir, el espacio denso y comprimido del universo primitivo. Por otro lado si hablamos de expansión, no puede ser otra que la del mismo espacio; es decir que en este versículo 6, se nos narra el momento exacto en que el Creador le ordena al espacio que se expanda, comenzando así la tan mencionada expansión del universo que continua hasta hoy. También dice que el Creador ordena que la expansión separe las aguas de las aguas; y si las aguas se refieren a espacio denso, esto implica que el espacio no se estiro de forma homogénea en todas partes, sino que al parecer hubieron zonas donde el espacio permaneció más denso que en otras, y dichas zonas se verían cada vez más separadas unas de otras por el resto del espacio estirándose a sus alrededores. Según la teoría de la relatividad, el hecho de que unas zonas del espacio estuvieran más densas, o dicho de otra manera, más comprimidas que otras, significa que en esas zonas habría más atracción gravitacional, por lo que la materia circundante tendería a reunirse en esas zonas donde el espacio estaba más comprimido; posteriormente la materia reunida allí se atraería a si misma gravitacionalmente, y se compactaría, provocando que los átomos de hidrógeno y helio antes formados, se fusionen unos con otros, dando lugar a las primeras reacciones nucleares, las cuales permitirían el nacimiento de las primeras estrellas, que no son más que grandes reactores nucleares a base de hidrogeno y helio. Estas primeras estrellas seguirían aglomerándose en estas zonas más densas del espacio, formando con el tiempo las primeras galaxias. Esto es justo lo que expone la teoría del Big Bang, pues en la imagen del fondo cósmico de microondas (ver figura 3.8) se pueden apreciar una gran cantidad de manchas, que son como un mapa de los lugares donde la materia estaba más condensada en ese instante; y son precisamente esas manchas las que indican las zonas donde el espacio estaba más comprimido, y por lo tanto donde había más gravedad; incluso esas manchas coinciden bastante bien con la posición actual de las galaxias que podemos observar en el cielo.

Versículo 7: E hizo Dios la expansión, y separó las aguas que estaban debajo de la expansión, de las aguas que estaban sobre la expansión. Y fue así. (RVR 1960, Génesis 1. 7): La versión alternativa de este pasaje sobre la creación, que afirma que los seis días que se mencionan en él, son literalmente días de 24 horas; explica esta parte como el momento en que el observador imaginario, situado en la superficie de la tierra ya formada, ve cómo la densa atmósfera se va despejando y deja ver el azul del firmamento, el cual hace una separación entre las aguas que están en la superficie de la tierra, de las aguas que están arriba en la atmósfera. Honestamente cualquiera de las dos versiones me parece valida, pues ya he expresado anteriormente que creo que la Biblia esta llena de una vasta sabiduría que no tiene porque limitarse a una sola interpretación, sino que dependiendo de la necesidad del lector, este puede extraer de un mismo texto tantas repuestas diferentes como sean sus necesidades especificas; de no ser así, ya hace mucho que se habrían acabado las enseñanzas de la Biblia para nosotros, sin embargo cada día se puede seguir obteniendo más y más sabiduría de ella, sin importar que los textos sean los mismos. Dicho esto, creo que puedo afirmar, que tanto la interpretación de 6 días de 24 horas, como 6 periodos de tiempo indefinidos, a los que el Creador simplemente decide llamar días bajo sus propias definiciones, no se contradicen para nada, pues a la larga termina siendo la misma historia, contada desde puntos de vista distintos, y se puede tomar tanto una versión como la otra, dependiendo de lo que se busque.

Versículo 8: Y llamó Dios a la expansión Cielos. Y fue la tarde y la mañana el día segundo. (RVR 1960, Génesis 1. 8): De nuevo aparece la palabra "cielos", pero en este caso se especifica una definición para ella, pues el Creador le da un nombre a la expansión antes mencionada llamándola "Cielos". Tanto si tomamos la versión de los días de 24 horas, como la de los periodos te tiempo indefinidos, esta definición de cielos encaja perfectamente. En el primer caso, los cielos claramente serian el firmamento, pues esta fue la expansión que se revelo, luego de que la atmósfera se despejara, dejando ver el azul del cielo; en otras palabras, los cielos hacen referencia, al cielo inmediato del planeta tierra, es decir a su atmósfera. En el segundo caso, los cielos serian el espacio en expansión, aquel que se extiende entre unas galaxias y otras, pues fue esta la expansión que el Creador ordeno que hubiera en medio de las regiones más densas del espacio (aguas); es decir que los cielos hacen referencia a un cielo más allá de la atmósfera terrestre, también llamado el segundo cielo: el espacio. También hay que agregar que para cuando esto paso, se completo el segundo día, un segundo ciclo, una segunda transición de oscuridad a luz, de tarde a mañana, un segundo día.

Versículo 9: Dijo también Dios: Júntense las aguas que están debajo de los cielos en un lugar, y descúbrase lo seco. Y fue así. (RVR 1960, Génesis 1. 9): Aquellas regiones en donde el espacio siguió estando más denso que en el resto de la expansión, son llamadas por los científicos *pozos gravitacionales*, pues se pueden entender de forma análoga como cavidades o depresiones, donde si las cosas se mueven por allí aleatoriamente, tenderían a quedar atrapadas en esos pequeños pozos. Esos pozos gravitacionales terminaron reuniendo materia, formando cúmulos que luego se atrajeron a si mismos debido a la gravedad, provocando las primeras fusiones nucleares de hidrogeno y helio, formando las primeras estrellas, y una gran cantidad de estas a su vez, formando las primeras galaxias. Las primeras estrellas vivieron un largo tiempo hasta que finalmente agotaron casi todo su combustible de hidrogeno y helio, y una vez ocurrido esto, las estrellas no tuvieron energía suficiente para sustentarse y entonces terminaron colapsando sobre su propia gravedad, provocando grandes explosiones conocidas como novas, o supernovas, que no son más que la muerte de una estrella. Algunas estrellas eran tan masivas que terminaron convirtiéndose en agujeros negros; otras sin embargo, produjeron tanta energía en su muerte, que los elementos ligeros como el hidrogeno y helio, terminan fusionándose y convirtiéndose en elementos más pesados como carbon, hierro, oro, y otros metales; estos elementos son liberados y esparcidos por todo el espacio en las explosiones de novas y supernovas. Estos elementos más pesados pasan a formar el *polvo galáctico*, que digamos que es el material reciclable de las galaxias, ya que grandes nubes de este polvo pudieron reunirse de nuevo gracias a la gravedad, y producir nuevas reacciones nucleares que permitieron el nacimiento de una segunda generación de estrellas; y ya que al rededor de estas nuevas estrellas quedaron nubes de polvo de materiales más pesados, estas empezaron a orbitar al rededor de las nacientes estrellas, formando cuerpos más pesados como pequeños asteroides (de nuevo gracias a la gravedad), y posteriormente planetas (tierra seca). Como el material circundante se sitúa a diferentes distancias de sus estrellas madres, los cuerpos más cercanos carecen de agua liquida, pues el calor de la estrella la evapora y la extingue por completo, pero también suelen ser cuerpos rocosos, con superficies solidas, aunque más pequeños que los cuerpos más lejanos de la estrella central; estos al no estar tan afectados por la radiación de la estrella, no suelen ser rocosos, sino que grandes cantidades de gas se reúnen alrededor de pequeños núcleos sólidos, formando planetas gigantes gaseosos. Este es el caso de nuestro propio sistema solar, donde los primeros cuatro planetas, los más cercanos al sol, Mercurio, Venus, la Tierra y Marte, son rocosos, mientras que los planetas más exteriores, Jupiter, Saturno, Urano y Neptuno, son gaseosos y muchos más grandes que los primeros. A medida que nos alejamos más de la estrella, las temperaturas son más bajas, y se pueden encontrar cuerpos con agua solida, es decir hielo. Aún hoy se especula sobre de donde vino el agua de la Tierra, pero lo más probable según los científicos, es que esta llego a nosotros cuando uno de estos cuerpos helados alcanzo nuestro planeta tierra, llenándonos del preciado liquido; de hecho hoy en día se pueden ver fragmentos de meteoritos ancestrales que contienen agua, los cuales son objeto de estudio de muchos geólogos, que afirman que estos serian los responsables de la llegada del agua a la tierra. Si nos situamos en la perspectiva de un observador sobre la superficie terrestre, y basándonos en lo que dice el versículo Bíblico, veríamos como la superficie de la tierra estaría cubierta totalmente por agua liquida, y entonces los movimientos telúricos del manto rocoso terrestre, empujarían la tierra solida a la superficie, descubriéndose la masa continental, y separándose lo seco de las aguas.

Versículo 10: Y llamó Dios a lo seco Tierra, y a la reunión de las aguas llamó Mares. Y vio Dios que era bueno. (RVR 1960, Génesis 1. 10): Cuando hablamos de mares, estamos hablando de agua, y cuando hablamos de agua, hablamos de un liquido, un fluido, con unas propiedades especificas; de hecho a veces se suele usar la palabra mar, para referirse a elementos que no son agua, por ejemplo la expresión "mar de gente", o "mar de arena", aunque no se refieren al elemento agua, igual si se pueden ver como fluidos compuestos de ciertos elementos, y que tienen ciertas peculiaridades que los caracterizan. Paul Dirac de quien ya he hablado, con los resultados que obtuvo de su famosa ecuación (ver ecuación de Dirac, sección 3.1), le dio el nombre de *Mar de Dirac* al modelo del espacio vacío, en el que este es descrito como un mar de partículas virtuales, responsables de las fluctuaciones cuánticas del propio vacío. Así pues, este versículo puede tomarse como una referencia, a la aparición de la materia solida a la cual el Creador llama "Tierra", en medio del "Mar" de partículas virtuales que componen el espacio vacío.

Versículo 11: Después dijo Dios: Produzca la tierra hierba verde, hierba que dé semilla; árbol de fruto que dé fruto según su género, que su semilla esté en él, sobre la tierra. Y fue así. (RVR 1960, Génesis 1. 11): A veces me pregunto cual seria nuestro entendimiento de la creación, si no tuviéramos este primer capítulo del libro de Génesis, que nos contara el proceso que siguió el Creador para hacer y ordenar todo lo que existe; a veces solemos contestar a ciertas preguntas sobre cómo el Creador hace ciertas cosas, argumentando que "Él es Dios, Él puede hacer lo que sea"; tal vez esta sería nuestra respuesta cuando alguien nos preguntara "¿Cómo hizo Dios el universo?", y diríamos "pues Él puede hacer lo que sea, simplemente lo hizo", o "Él simplemente dijo: que sea el universo, y fue el universo". Sin embargo, gracias a que tenemos el relato de la creación en el libro de Génesis, podemos ver que aunque efectivamente el Creador podría simplemente "hacer el universo", Él no lo quizo hacer tan fácil, sino que siguió un proceso, una serie de pasos, que poco a poco fueron organizando y dando forma a toda la creación. A través de muchos textos Bíblicos, podemos darnos cuenta de que el Creador es un Dios de procesos, Él tiene una forma elegante de hacer las cosas, y aunque tiene el poder para hacerlas de la forma más fácil y rápida (simplemente hacerlas), elige seguir un proceso elegante. Así pues hemos llegado al momento de la creación de la vegetación, y como ya lo he ejemplificado antes, alguien podría decir que el Creador simplemente "hizo" las plantas, pero dentro de este versículo 11 hay implícito un proceso que paulatinamente va dando lugar a las plantas como las conocemos. Primero hay que resaltar tres conceptos claves que se citan en el versículo, los cuales son: hierba verde, hierba que da semilla y árbol de fruto. La comunidad científica en general, acepta que la vida en la tierra se inició en las aguas, cuando se empezaron a producir ciertas reacciones químicas en ellas, que iniciaron la producción de oxigeno a través de un proceso que hoy conocemos como fotosíntesis, que básicamente consiste en utilizar la luz del sol para producir oxigeno. Este oxigeno se convirtió en el combustible de las primeras formas de vida, entre las que estaban las primeras algas marinas, que luego se extendieron a la superficie terrestre formando una especie de musgo; este y otras formas primitivas de plantas conformaron el primer grupo: hierba verde. Posteriormente esta primera forma de vegetación, desarrolló un mecanismo para reproducirse, y entonces aparecen las plantas con semilla, como los son algunos arbustos, los cuales tienen una estructura más solida, como ramas y hojas. Finalmente, el ultimo paso en el desarrollo de la vegetación, la aparición de los arboles frutales, que como bien lo dice el texto, tienen fruto y semilla según su genero. Honestamente es difícil para mi concebir un análogo de este proceso en la interpretación de días de 24 horas, tal vez la masa continental y las plantas ya estaban ahí, y por algún fenómeno atmosférico no fueron visibles sino hasta un día en concreto, pero no podría estar cien por ciento seguro de ese argumento; lo que si es claro es que las plantas no aparecieron de un momento a otro, sino que hubo un proceso organizado como ya lo argumente antes. Si miramos otros versículos en Génesis capítulo 2, encontramos que dicen: Estos son los orígenes de los cielos y de la tierra cuando fueron creados, el día que JHVH Dios hizo la tierra y los cielos, y toda planta del campo antes que fuese en la tierra, y toda hierba del campo antes que naciese; porque JHVH Dios aún no había hecho llover sobre la tierra, ni había hombre para que labrase la tierra, sino que subía de la tierra un vapor, el cual regaba toda la faz de la tierra. (RVR 1960, Génesis 2. 4-6). En primer lugar se hace referencia a un día, en el cual el Creador hizo la tierra y los cielos, en contraste con los seis días narrados en el capítulo anterior; y en segundo lugar dice que en ese mismo día hizo toda planta de la tierra, antes que fuese en la tierra, y toda hierba del campo, antes que naciese; pues no existía aún quien labrase la tierra, y tampoco había lluvia para que las plantas crecieran; sin embargo aunque las plantas no habían crecido, la Biblia afirman que el Creador ya las había hecho, lo cual me hace recordar cuando explicaba anteriormente como el Creador primero hizo la materia y la energía las cuales eran la materia prima para formar posteriormente la tierra. Según esto parece ser que los actos creadores de Dios, no se efectúan como objetos o entidades terminadas, sino que parten desde un elemento o una sustancia primaria, que a travez de un proceso elegante y organizado van progresando hasta que la obra es perfeccionada (Filipenses 1. 6).

Versículo 12: Produjo, pues, la tierra hierba verde, hierba que da semilla según su naturaleza, y árbol que da fruto, cuya semilla está en él, según su género. Y vio Dios que era bueno. (RVR 1960, Génesis 1. 12): Esta es una confirmación del proceso que ya he explicado, en el que la tierra primero produce formas primitivas de vegetación (hierba verde), luego esta adquiere un mecanismo de reproducción (la semilla), y finalmente es perfeccionada en una estructura más firme y elaborada como lo es la de los arboles frutales.

Versículo 13: Y fue la tarde y la mañana el día tercero. (RVR 1960, Génesis 1. 13): Han pasado ya tres días (tres ciclos de transición de las tinieblas a la luz), desde que empezamos a recorrer el proceso de creación de todo el universo. En el primer día, aparece la materia prima de la Creación, materia-energía, espacio y tiempo; también es liberada la luz, y separada de las tinieblas. En el segundo día se efectúa la expansión del universo, separando las zonas más densas de este y las aglomeraciones de materia en las mismas, también nacen las primeras estrellas. Y En el tercer día aparece la materia solida, la tierra seca; se definen los mares en la tierra y nacen las primeras formas de vida, dando lugar a las plantas. más adelante veremos que los siguientes tres días de creación tiene una relación directa con estos tres primeros.

Versículo 14: Dijo luego Dios: Haya lumbreras en la expansión de los cielos para separar el día de la noche; y sirvan de señales para las estaciones, para días y años, (RVR 1960, Génesis 1. 14): El Creador hace las lumbreras con un propósito; parte de ese propósito recalcado en este versículo es que sirvan de señales para las estaciones, para días y para años; es decir como referencias de tiempo; incluso podríamos decir que solo hasta este día se podría hablar de días de 24 horas, pues este esta definido como el tiempo que va desde un amanecer (la salida del sol), hasta el siguiente; pero no entrare a discutir ese tema. Lo que si vale la pena resaltar es el hecho de que claramente nosotros utilizamos las lumbreras del cielo, y principalmente el sol, como una referencia para medir diferentes intervalos de tiempo. En el caso de las estaciones, estas se dan debido a que el eje de rotación de la tierra tiene cierta inclinación, así que cuando la tierra esta ubicada en una cierta posición respecto al sol, uno de sus hemisferios (norte o sur) estará más cerca del sol que el otro, por lo que en el hemisferio más cerca al sol habrá verano, y en el otro hemisferio, invierno; cuando la tierra se ubique en el lado contrario con respecto al sol (medio año después), la posición de los hemisferios con relación al sol estará invertida, y donde había invierno habrá verano y viceversa; las estaciones de otoño y primavera no son más que transiciones entre verano e invierno. Por otro lado un año esta definido como el tiempo que tarda el planeta tierra en dar una vuelta completa alrededor del sol. También cabe agregar que la Luna, ha servido de referencia para medir la duración de un mes, definiéndose como el tiempo que tarda la luna en orbitar a la tierra, aunque actualmente esa medida no es muy precisa. Este versículo también dice que las lumbreras servirían para separar el día de la noche, algo que ya anteriormente había sido efectuado por el mismo Creador, separando las tinieblas de la luz, pero que dicha obra fue posteriormente perfeccionada, al localizar la luz en elementos materiales como son las estrellas.

Versículo 15: y sean por lumbreras en la expansión de los cielos para alumbrar sobre la tierra. Y fue así. (RVR 1960, Génesis 1. 15): Se nos vuelve a mencionar la expansión de los cielos, como el lugar en el cual están ubicadas las lumbreras; por lo cual, si entendemos la expansión como la atmósfera terrestre, llegaremos al error de pensar que el sol y las estrellas están ubicadas dentro de esta; pero si de otra manera entendemos la expansión como el espacio exterior, esta noción concordara con la ubicación de las lumbreras en el universo.

Versículo 16: E hizo Dios las dos grandes lumbreras; la lumbrera mayor para que señorease en el día, y la lumbrera menor para que señorease en la noche; hizo también las estrellas. (RVR 1960, Génesis 1. 16): Anteriormente se pensaba que el sol y la luna eran de tamaños similares, pues eso era lo que se observaba desde la tierra; sin embargo ese texto nos habla claramente de una lumbrera mayor (el sol), y una lumbrera menor (la luna); esto también implica que el sol debe estar a una distancia muchísimo mayor de nosotros que la luna, pues solo así se pueden observar desde la tierra con tamaños similares, aunque el sol sea realmente miles o millones de veces más grande que la luna.

Versículo 17-19: Y las puso Dios en la expansión de los cielos para alumbrar sobre la tierra, y para señorear en el día y en la noche, y para separar la luz de las tinieblas. Y vio Dios que era bueno. Y fue la tarde y la mañana el día cuarto. (RVR 1960, Génesis 1. 17-19): Recordemos que en el primer día, es creada la luz; esta obviamente tiene una relación con las lumbreras creadas en el día cuarto, y lo entenderemos mejor cuando analicemos los siguientes versículos.

Versículo 20: Dijo Dios: Produzcan las aguas seres vivientes, y aves que vuelen sobre la tierra, en la abierta expansión de los cielos. (RVR 1960, Génesis 1. 20): Como ya lo mencione, la comunidad científica en general acepta que la vida en la tierra se inició en el agua, lo cual es confirmado en este versículo cuando el Creador ordena a las aguas que produzcan seres vivientes; pero también encontramos que le ordena a las mismas aguas que produzcan aves, lo que nos esta sugiriendo que tanto las formas de vida acuáticas como las aves voladoras fueron producto de las aguas.

Versículo 21: Y creó Dios los grandes monstruos marinos, y todo ser viviente que se mueve, que las aguas produjeron según su género, y toda ave alada según su especie. Y vio Dios que era bueno. (RVR 1960, Génesis 1. 21): Aquí se recalca el hecho de que aunque Dios es el autor creativo de estas formas de vida, son las aguas las que sirven como medio para producir dichas formas de vida; algo similar a la forma en la que vino Jesús, el hijo de Dios a la tierra, donde Maria sirvió como medio para que Jesús se encarnara en una forma humana, pero no fue ella la autora de este milagro.

Versículo 22: Y Dios los bendijo, diciendo: Fructificad y multiplicaos, y llenad las aguas en los mares, y multiplíquense las aves en la tierra.(RVR 1960, Génesis 1. 22): Al igual que las plantas, estas formas de vida también desarrollan un mecanismo de reproducción, con el cual pueden multiplicarse y llenar el mundo. Esto sugiere que el Creador no optó por crear a todos los animales de una vez, sino que a cada especie la doto con un mecanismo que le permitiera reproducirse, así como más adelante en el diluvio, solo fueron necesarias dos de cada especie para entrar en el arca de Noe (macho y hembra), y luego reproducirse para repoblar la tierra.

Versículo 23: Y fue la tarde y la mañana el día quinto. (RVR 1960, Génesis 1. 23): Este día esta relacionado con lo ocurrido en el día dos, cuando fueron separadas las aguas de la expansión de los cielos (la atmósfera terrestre en este caso). Al parecer el Creador primero prepara el escenario propicio para cada forma de vida que crea posteriormente.

Versículo 24-31: Luego dijo Dios: Produzca la tierra seres vivientes según su género, bestias y serpientes y animales de la tierra según su especie. Y fue así. E hizo Dios animales de la tierra según su género, y ganado según su género, y todo animal que se arrastra sobre la tierra según su especie. Y vio Dios que era bueno. Entonces dijo Dios: Hagamos al hombre a nuestra imagen, conforme a nuestra semejanza; y señoree en los peces del mar, en las aves de los cielos, en las bestias, en toda la tierra, y en todo animal que se arrastra sobre la tierra. Y creó Dios al hombre a su imagen, a imagen de Dios lo creó; varón y hembra los creó. Y los bendijo Dios, y les dijo: Fructificad y multiplicaos; llenad la tierra, y sojuzgadla, y señoread en los peces del mar, en las aves de los cielos, y en todas las bestias que se mueven sobre la tierra. Y dijo Dios: He aquí que os he dado toda planta que da semilla, que está sobre toda la tierra, y todo árbol en que hay fruto y que da semilla; os serán para comer. Y a toda bestia de la tierra, y a todas las aves de los cielos, y a todo lo que se arrastra sobre la tierra, en que hay vida, toda planta verde les será para comer. Y fue así. Y vio Dios todo lo que había hecho, y he aquí que era bueno en gran manera. Y fue la tarde y la mañana el día sexto. (RVR 1960, Génesis 1. 24-31): En el sexto y ultimo día de creación, el Creador repite el proceso del día anterior, pero esta vez para la tierra (es decir la superficie solida de la tierra, o masa continental), creando seres vivientes que viven sobre ella, y dotándolos de un mecanismo de reproducción para que se multipliquen y llenen el mundo. También se resalta la creación del hombre. Una vez más hay una relación directa entre los hechos de este sexto día y los del día tres, en el que son separadas la tierra seca de las aguas, el escenario para sostener la vida creada en el día seis.

La creación entera se puede dividir en dos partes (ver tabla 3.1), las cuales corresponden a dos actos de creación; la primera parte comprende los primeros tres días, en los que se realizan tres actos de separación, y la segunda parte comprende los últimos tres días, en los que se ubican tres formas de vida relacionadas con las separaciones hechas en los primeros tres días. El primer acto de creación es la energía; a partir de esta se deriva el espacio-tiempo y la materia; la misma energía incluye entidades del universo visibles e invisibles. A partir de la energía se produce la luz, y es separada de las tinieblas (día 1); luego esta misma energía provoca expansión en el universo, y la gravedad asociada al espacio-tiempo; se separan las "aguas" de los "cielos"[6] (día 2); finalmente la energía se condensa lo suficiente para formar materia solida, y aparecen los planetas, entre ellos la tierra, y es separada la "tierra" de los "mares"[7] (día 3). El segundo acto de creación es la vida, ubicada en los escenarios previamente preparados en los primeros tres días. Las primeras formas de vida son las estrellas[8], creadas como fuentes de la luz creada en el primer día, para separarla de las tinieblas (día 4); la segunda forma de vida fueron los peces y las aves, ubicados en el agua y en los cielos respectivamente, escenario preparado en el segundo día (día 5); finalmente aparecen las formas de vida terrestres, las bestias del campo, los reptiles, los mamíferos y por supuesto el ser humano, ubicados en la tierra solida, preparada en el tercer día de creación (día 6).

| PRIMERA PARTE | | SEGUNDA PARTE | |
|---|---|---|---|
| DÍA 1 | LUZ Y TINIEBLAS | DIA 4 | ESTRELLAS |
| DÍA 2 | AGUA Y CIELO | DIA 5 | VIDA EN AGUA Y CIELOS |
| DÍA 3 | TIERRA Y MAR | DIA 6 | VIDA EN TIERRA |

Tabla 3.1

6 Desambiguación de los términos "aguas" y "cielos": pueden referirse a las aguas y a la atmósfera terrestres; o a las zonas densas del espacio y la expansión del mismo.

7 Desambiguación de los términos "tierra" y "mares": pueden referirse a la masa continental y a los mares terrestres; o a la materia solida en contraste con el espacio vacío.

8 La Biblia suele referirse a las estrellas como ángeles. Muchos estudiosos creen que las estrellas son una forma tangible de una vida espiritual asociada a los seres celestiales. También se suele mencionar que los ángeles son seres de luz, mientras que los demonios (ángeles caídos) viven en tinieblas.

También podemos hacer una comparación, entre los hechos cronológicos mencionados en la teoría del Big Bang, y los que menciona la Biblia, tal como se muestra en la tabla 3.2. Aquí podemos observar un ejemplo de como podemos hacer coincidir lo que dice la Biblia con lo que dice la ciencia; por supuesto el lenguaje empleado en la Biblia es bastante diferente al lenguaje científico, principalmente porque la Biblia no fue escrita como un libro de ciencia; Galileo Galilei decía que la Biblia es sobre cómo ir al cielo, no sobre cómo es el cielo; por lo tanto utilizar la Biblia como un libro científico, o para argumentar sobre hechos científicos, puede ser un error si no se hace con el debido cuidado. Recordemos que durante la edad media el desarrollo científico y tecnológico se vio brutalmente frenado, debido a que la mal llamada Santa Inquisición condenaba a todo aquel que hiciera declaraciones en contra de la interpretación literal de las sagradas escrituras; ideas como la tierra plana, el sol, la luna y las estrellas girando al rededor de la tierra, entre otras, eran aceptadas pues se creía que así era como la Biblia describía al mundo, y tardaron muchos años en ser revocadas y sustituidas por los conceptos actuales (la tierra esférica, el sistema solar, etc.). Si la humanidad no hubiera superado estas concepciones, hoy no tendríamos las tecnologías que a diario nos ayudan a tener una mejor calidad de vida, como las presentes en el campo de la medicina, de la ingeniería, entre otras.

| SEGUN LA CIENCIA | | SEGUN LA BIBLIA | |
|---|---|---|---|
| BIG BANG | Materia y Espacio primigenio muy comprimidos, reinaban altísimas temperaturas que impedían que los átomos se formaran, toda la materia era un plasma altamente denso. | GÉNESIS 1. 1-2 | Creación de tiempo espacio y materia. Materia sin forma. Oscuridad. |
| CMB (Fondo Cósmico de Microondas) | Se forman los primeros átomos y es liberada la primera luz: el fondo cósmico de microondas. | GÉNESIS 1. 3-5 | La luz. Separación de las tinieblas de la luz. |
| ESTRELLAS | Expansión del espacio. La materia se reúne en zonas del espacio más densas que otras y se forman las primeras estrellas. | GÉNESIS 1. 6-8 | Expansión en medio de las “aguas”. Expansión del espacio. Zonas de espacio más denso. |
| GALAXIAS | Las aglomeraciones de estrellas forman galaxias, las primeras estrellas mueren y se crean los elementos pesados. | GÉNESIS 1. 9-10 | Aparece la materia solida, asteroides y planetas. |
| SISTEMA SOLAR | Nace el sistema solar a partir del material esparcido por la muerte de otras estrellas, Se forma el planeta tierra. | GÉNESIS 1. 11... | El sol, la luna y las estrellas, el planeta tierra, la vida y los seres humanos. |

Tabla 3.2

El proceso descrito en el capítulo 1 del libro de Génesis, es más un proceso de organización que de creación, pues como ya lo dije, en realidad el Creador solo realizo dos actos de creación como tales: la energía, y la vida. La primera puede verse en su estado más elemental en la luz, es decir los fotones, los cuales son cien por ciento energía y nada de masa; a partir de la energía se forman y organizan la materia y todas las demás entidades existentes en el universo. La primera parte del versículo 18 del capítulo 45 del libro de Isaías dice: Porque así dijo JHVH, que creó los cielos; él es Dios, el que formó la tierra, el que la hizo y la compuso. La segunda (la vida), puede entenderse como una reacción química, como una cierta estructura hecha a partir de ciertos átomos y moléculas (el ADN); sin embargo para que esta estructura tan compleja y precisa pueda darse en la naturaleza, debe haber sin lugar a dudas un arquitecto detrás de semejante proyecto, que lo coordine y organice. La segunda parte del mismo versículo de Isaías dice: no la creó (la tierra) en vano, para que fuese habitada la creó.

La teoría del Big Bang, a diferencia de lo que muchos piensan, no explica cual es la causa de que el universo exista, o de que nosotros mismos o la vida en general exista; los mismos científicos que defienden dicha teoría afirman que esta tiene vacíos, en los cuales no tienen idea de lo que sucede allí, y surgen preguntas como por ejemplo, ¿de donde salió toda la materia y la energía, que la teoría describe que estaban sumamente densas y calientes en el inicio del universo?; la teoría describe lo que sucedió con la materia y la energía, mas es incapaz de dar una respuesta a la pregunta: ¿de donde salió todo lo que existe?, ¿quien lo puso ahí?. Es aquí cuando muchos se abren a la posibilidad, de que exista un gran arquitecto detrás del majestuoso edificio que es el universo, y que en esos vacíos que la ciencia no puede llenar, puede entrar el concepto de Dios, el Creador de todo lo que existe.

*"Por la fe entendemos haber sido constituido el universo por la palabra de Dios, de modo que lo que se ve fue hecho de lo que no se veía.* (RVR 1960, Hebreos 11. 3)."

*"No mirando nosotros las cosas que se ven, sino las que no se ven; pues las cosas que se ven son temporales, pero las que no se ven son eternas.* (RVR 1960, 2 Corintios 4. 18)."

*"Porque las cosas invisibles de él, su eterno poder y deidad, se hacen claramente visibles desde la creación del mundo, siendo entendidas por medio de las cosas hechas, de modo que no tienen excusa.* (RVR 1960, Romanos 1. 20)."

*"El es la imagen del Dios invisible, el primogénito de toda creación. Porque en él fueron creadas todas las cosas, las que hay en los cielos y las que hay en la tierra, visibles e invisibles; sean tronos, sean dominios, sean principados, sean potestades; todo fue creado por medio de él y para él.* (RVR 1960, Colosenses 1. 15-16)."

*"Y escribe al ángel de la iglesia en Laodicea: He aquí el Amén, el testigo fiel y verdadero, el principio de la creación de Dios, dice esto.* (RVR 1960, Apocalipsis 3. 14)."

Alrededor del año 2400 a.C. debido a la creciente maldad en la tierra, el Creador decide limpiar al mundo de todo el pecado del hombre mandando un diluvio, y escoge a Noé, el décimo desde Adán, para que construya un arca en la cual se salven él, su familia y una pareja de cada especie de los animales sobre la tierra. Los tres hijos de Noé: Sem, Cam y Jafet; luego del diluvio se convirtieron en los padres de todos los seres humanos hasta hoy.

En el libro de Génesis capitulo 9 versículos 18 al 29, se nos narra la historia de cómo Noé, luego de que las aguas del diluvio retrocedieran, descendió del arca y comenzó a labrar la tierra, y planto una viña, de la cual preparo vino, lo bebió, y se embriago. A causa de su embriaguez, Noé termino desnudo, y su hijo Cam vio su desnudez y lo anuncio a sus hermanos Sem y Jafet, los cuales se aceraron a su padre caminando de espaldas para no ver su desnudez y lo cubrieron. Debido a esto Noé, luego de despertar de su embriaguez, profiere una maldición contra el hijo de Cam: Canaán; diciendo que seria siervo de siervos a sus hermanos; al mismo tiempo bendice a Sem y a Jafet diciendo: Bendito por JHVH mi Dios sea Sem, y sea Canaán su siervo. Engrandezca Dios a Jafet, y habite en las tiendas de Sem, y sea Canaán su siervo. (RVR 1960, Génesis 9. 26-27).

Los hijos de Sem: Elam, Asur, Arfaxad, Lud y Aram; poblaron la región del cercano oriente: Mesopotamia y la península arábiga. De uno de ellos, Arfaxad, desciende Abraham, en quien actualmente se fundamentan las principales religiones monoteístas.

Los hijos de Cam: Cus, Mizraim, Fut y Canaán; se acentuaron en el actual continente africano, y Asia meridional (India, Pakistan, Afganistán e Irán). Los hijos de Canaán se establecieron en la tierra de Canaán, al este de Mesopotamia; estos son mencionados en la Biblia como los Heteos, Jebuseos, Amorreos, Gergeseos, Heveos, entre otros gentilicios que se derivan del nombre de sus ancestros. Una parte de los hijos de Cus, se ubicaron en mesopotamia, y construyeron la torre de Babel, y posteriormente Babilonia, en lo que actualmente es Irak; estos son los hijos de Nimrod, hijo de Cus. Los hijos de Fut poblaron Persia, que actualmente es Irán. Estos últimos se convertirían en unos de los primeros grandes imperios en la historia: el imperio asirio en Mesopotamia, y el imperio Persa.

Los hijos de Jafet: Gomer, Magog, Madai, Javán, Tubal, Mesec y Tiras; habitaron en todo el continente Europeo y gran parte de Asia (Rusia, Turquía, Mongolia, Tíbet y lejano oriente). En congruencia con la bendición declarada por Noé, la descendencia de Jafet es la más extendida sobre la tierra. De Javán descienden las antiguas tribus griegas: Dorios, Jonios, Pelasgos, etc., que se ubicaban en la península balcánica, aunque el Peloponeso (después Esparta) estaba habitado por los araceos, hijos de Canaán. Posteriormente los dorios invadieron esta zona mezclándose con los araceos y estableciendo así a Grecia como una sola nación. Esta, además de dar lugar más adelante al Imperio Helenístico en cabeza de Alejandro Magno, quien dio fin al imperio Persa; es también la cuna de la civilización occidental, de la política, de la filosófica y las ciencias.

No debemos perder de vista que estamos en un contexto muy primitivo, en donde no existía la palabra de Dios escrita, y sus revelaciones hacia el hombre habían sido pocas desde Adán; por lo que debemos suponer que tanto Sem, Cam y Jafet, como sus respectivas descendencias, adoptaron sus creencias y costumbres de lo que observaron y practicaron con sus padres; de este modo las creencias y costumbres asociadas a un Dios, o dioses, se pasaron de padres a hijos de generación en generación, y como es de esperarse pudieron irse distorsionando a lo largo del tiempo. A esto también se le añade, que en algunas familias o pueblos pudieron haberse presentado acontecimientos sobrenaturales, bien fuera porque realmente eran manifestaciones del mundo espiritual, muchas veces por parte de demonios, o porque eran fenómenos naturales incomprensibles para la época, y por lo tanto se les daba una connotación mística; todo esto dando lugar a las diferentes mitologías.

Madai, uno de los hijos de Jafet, fue el padre de los llamados Arios, cuyo significado es 'de buena familia' o también 'puro', 'noble', o incluso 'espiritual'. Los Arios son los ancestros de todos los pueblos indoeuropeos, pues estos se extendieron desde la India hasta Europa. Inicialmente se establecieron en La antigua Media, al sur del mar Caspio, y de ahí se esparcieron, algunos hacia el sur donde juntamente con los hijos de Fut fundaron Persia (estos eran Arios que creían que descendían de Perseo, el semidiós de la mitología griega); otros hacia el norte y noreste en dirección de la actual Turquía (donde se cree que fundaron ciudades como la famosa Troya, mencionada en la epopeya griega, La Ilíada de Homero) y otros hacia el Tíbet y luego a la India, donde se mezclaron con los pueblos drávidas, quienes practicaban el vedismo (religión previa al hinduismo, cuyo nombre se deriva de la palabra "veda" que en sánscrito significa 'conocimiento'). Los Ario-drávidas, o Indoarios, fueron los que redactaron los cuatro libros sagrados vedas, contemplados también en el hinduismo: el Rig-Veda, el Sama-Veda, el Jadjour-Veda y el Atharva-Veda.

Comúnmente se suele entender a los Arios como una raza, e incluso muchos pueden atribuirle connotaciones negativas, sobretodo después de la segunda guerra mundial, y la forma en la que Adolf Hitler promovió el concepto de Ario con su partido nacional socialista (los nazis); sin embargo en lo que podemos ver de la historia, incluso en los mismos textos vedas se hace referencia a los Arios como un pueblo.

La religión oficial de los Arios era el mazdeísmo o zoroastrismo, religión monoteísta fundada por el profeta iranio[9] Zarathustra, en la que se reconoce a Ahura Mazda

[9] Se llaman pueblos iranios, al conjunto de pueblos que emplean lenguas iranias, y son descendientes de los Arios acentuados en la meseta iraní.

como el único dios creador de todo. Los mazdeístas se refieren a Ahura Mazda como el comienzo y el fin, el creador de todo, el que no puede ser visto, el Eterno, el Puro y la única Verdad. Los Arios mazdeístas también sostienen la creencia de que son descendientes del primer hombre postdiluviano, al que ellos llaman Ghasphatet (Jafet, hijo de Noé).

Muchos estudiosos han encontrado estrechas relaciones entre el mazdeísmo y otras religiones, como el hinduismo donde se tiene a un dios llamado Mitra, que seria hijo de Ahura Mazda; sin embargo los mazdeístas no rinden culto a este pues son monoteístas, al contrario de los hindúes que son politeístas. También para los griegos, Ahura Mazda es equivalente a Zeus; incluso se dice que la religión judía tuvo influencias del mazdeísmo en la época en que los judíos estuvieron en cautiverio en babilonia. Se sabe que el rey Dario I era devoto de Ahura Mazda, y el rey persa Ciro II fue bastante influenciado por el mazdeísmo, tanto que no quizo imponer una religión oficial en Persia. Tanto Dario I como Ciro II gobernaron durante el cautiverio del pueblo judío, y fue Ciro II quien les permitió volver a su tierra Canaán.

En los textos sagrados vedas, aparece por primera un símbolo utilizado en diversas religiones y culturas en todo el mundo: la Esvástica (figura 3.9), cuyo nombre viene del sánscrito *Swastika*, en escritura devanāgarī स्वस्तिक, que significa literalmente 'muy auspiciado' o 'muy favorable'; otras variaciones de su significado son: bien, felizmente, con existo, buena suerte, salud, que así sea, etc.

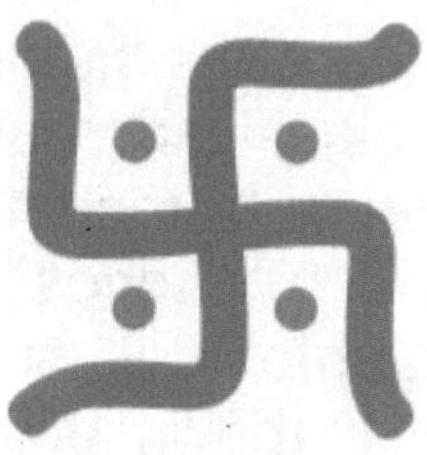

Figura 3.9

En el vedismo, hinduismo, budismo y jainismo, desde tiempos remotos se ha utilizado este símbolo como una forma de saludo, y es muy probable que fuera introducido por los Arios en sus contribuciones al vedismo, cerca del 1500 a.C. casi un milenio después del diluvio, lo que significa que la esvástica podría tener sus orígenes en el mazdeísmo, o incluso remontarse a creencias anteriores. A finales del siglo XIX el arqueólogo alemán Heinrich Schliemann descubrió el símbolo de la esvástica en las ruinas de la antigua ciudad de Troya, la cual fue habitada por los Arios. En base a este se presume que el pueblo Ario utilizaba el símbolo de la esvástica como un elemento de identidad, diferenciándolos de los demás pueblos de la tierra, razón por la que también Adolf Hitler utilizo la esvástica como símbolo del partido nacional socialista, argumentando que los alemanes eran descendientes de la "raza Aria", la raza más pura. Actualmente la esvástica es asociada por la mayoría con los nazis, por lo que suele tener una connotación negativa de opresión, racismo y violencia; sin embargo en la antigüedad, (siglos antes de los nazis) el símbolo era percibido por los occidentales como un augurio de buena fortuna. Lo cierto es, que no solo los alemanes sino la gran mayoría de los pueblos indoeuropeos descienden de los Arios, pero siendo estos no una raza, sino un pueblo, cuya cultura y religión influencio significativamente a gran parte de las culturas y religiones actuales.

La esvástica junto con otros símbolos utilizados en otras religiones, comparten significados similares; es el caso de la cruz celta, el trisquel, y la triqueta, usados también por los celtas (ver figura 3.10); todos estos símbolos hacen referencia al movimiento del sol, por lo que todos pretenden representar un movimiento de rotación.

Figura 3.10

La primera imagen de izquierda a derecha, es la esvástica ordinaria, seguida de una variación de la cruz celta con los brazos doblados, y la cruz celta tradicional, después están el trisquel, al que muchos identifican como un análogo celta de la esvástica, y finalmente están las dos formas más comunes de la triqueta, que no es más que una variación del trisquel, y cuyos significados son casi el mismo.

Tanto el trisquel como la triqueta, tienen una simbología trifásica que puede adoptar diferentes significados, como que el Todo tiene tres niveles: físico, mental y espiritual; o que la existencia consta de tres etapas: vida, muerte y renacimiento; incluso puede simbolizar la triple dimensión de alguna deidad celta. Por un lado el trisquel representa la evolución y el crecimiento (el ciclo del universo), y el equilibrio entre cuerpo, alma y espíritu. Por otro lado la triqueta va más allá, mostrando una linea entrelazada y sin fin, representando (además de lo mismo que simboliza el trisquel) la eternidad y la union entre lo físico, lo mental y lo espiritual. Algunos también encuentran cierta similitud entre la triqueta y el hexagrama, utilizado por los judíos y más comúnmente conocido como la *Estrella de David* (ver figura 3.11), la cual tiene un significado bastante similar, donde el triangulo que apunta hacia arriba representa a Dios, y el triangulo hacia abajo, al hombre; la union de estos simboliza el amor de Dios hacia el hombre, al mismo tiempo que representa la union entre la eternidad espiritual, y el mundo material.

Figura 3.11

El hexagrama se encuentra en templos hindúes, y su origen es muy anterior al judaísmo. En el hinduismo se le conoce como *shatkona*, y es un símbolo "mandala" (representación simbólica espiritual del hinduismo y budismo) que representa un estado de meditación en el que lo humano (∇) y lo divino (Δ) están en balance perfecto. Durante mucho tiempo el hexagrama se utilizo dentro de las artes mágicas y el esoterismo; también aparece en la cultura China en uno de sus escritos más antiguos, el *I Ching*, donde se explica que cada triangulo simboliza una entidad tripartita, siendo cada una de sus puntas: cielo, tierra, hombre; y pasado, presente y futuro. Los judíos adoptaron el símbolo cuando el movimiento sionista promovía su regreso a la tierra prometida, y le dieron su propio significado, aunque no muy alejado de original.

El hexagrama y su significado fue influenciado por la esvástica de los Arios, incluso ambos símbolos suelen encontrarse juntos en los templos hindúes. Su simbolismo también tiene ecos en las representaciones gráficas de la triqueta usada por los celtas; de hecho algunas tribus cristianas celtas le atribuyen a la triqueta el significado de la trinidad de Dios: padre, hijo y espíritu santo; además también es asociada con el símbolo de Jesús (ver figura 3.12)[10], un pez, que al entrelazarse tres de estos forman la triqueta.

Figura 3.12

Evidentemente muchos se aferran a los significados más negativos que estos símbolos han adquirido, señalándolos de satánicos, ocultistas o simplemente malos; por ejemplo el ya mencionado contexto violento y racista en el que se utilizo el símbolo de la esvástica, ha provocado un gran paradigma en la cultura actual en cuanto a su significado, eclipsando todo el recorrido histórico que este tiene. A la triqueta y al trisquel usualmente se le atribuyen significados satánicos, afirmando que en ellos se encuentra el número de la bestia (666); y tampoco se escapa el hexagrama el cual como ya dijimos ha sido utilizado en la magia y el ocultismo. Ciertamente los diferentes pueblos, culturas, y religiones les han atribuido diferentes significados a cada uno de estos símbolos, dependiendo del contexto particular de cada uno; tal vez esto nos lleve a la conclusión de que estos símbolos no tienen un significado absoluto, sino que dependen del contexto y sobre todo de la cultura y la religión que los utiliza.

10 La palabra griega *Ichthys* (Ιχθυς) significa 'pez', y a la vez son las iniciales de *Iesous Christos Theou Uios Soter* (Ιησους Χριστός Θεου Υιός Σωτήρ, "Jesus Cristo, Hijo de Dios, Salvador").

En todas las religiones indias, en relación con la esvástica introducida por los Arios y el hexagrama, se utiliza lo que para ellos es el mantra (sonido o canto espiritual) más sagrado, *Om.*

El mantra Om (ver figura 3.13), aparece en las escrituras *Upanishad* (otros textos sagrados hinduistas, diferentes a los vedas) como la representación del *Trimurti*, que es la union de tres dioses hindúes encargados de la creación: Brahmá (el creador), Vishnú, (el preservador), y Shivá (el destructor). También, Om se transcribe del idioma sánscrito como *Auṃ*, y se dice que el dios Brahmá medito en sus tres letras (a, u y m), y así produjo los tres vedas principales, el *Rig*, el *Sama* y el Atharva; además la naturaleza tripartita del mantra Om o Aum, puede simbolizar la union entre la tierra, la atmósfera y el cielo (análogos de lo físico, lo mental y lo espiritual). Los hinduistas creen que el Om, es el sonido primordial, utilizado por sus dioses para crear, preservar y destruir el universo, es el sonido que da origen a todos los demás sonidos y mantras, y que esta presente en la esencia de todo lo creado; por esto los hinduistas y budistas meditan pronunciando el mantra Om de una forma prolongada y vibrante, pues creen que al hacerlo pueden influir tanto en el mundo físico, como en el mental y el espiritual. Al pronunciar el mantra Om, el sonido emitido inicia siendo abierto y sonoro, debido a que la letra vocal 'a' es la más abierta; luego entre la 'a' y la 'u' la boca pasa por todas las posiciones vocales (a, e, i, o, u), pues va desde la más abierta (a) hasta la más cerrada (u); y finalmente la boca se cierra marcando el final del mantra con la letra 'm'. Esto simboliza para los hinduistas y budistas el inicio, transcurso y fin de todo lo creado.

Figura 3.13

Así como la esvástica, la triqueta y el hexagrama, son representaciones gráficas, de la union de lo físico con lo mental y lo espiritual; el mantra Om es la manifestación sonora de esto. Para muchas religiones a lo largo de la historia, el sonido ha significado una entidad manifiesta en el mundo material, pero propia del mundo espiritual; algo así como un puente entre lo divino y lo terrenal, entre lo eterno y lo efímero, entre lo invisible y lo visible.

El hinduismo es considerada la religión activa más antigua, de esta se derivan el budismo, cuya más grande diferencia con el hinduismo es la ausencia de deidades; y el taoísmo; estos y muchos otros mantienen una afinidad con el concepto espiritual del sonido, siendo este un elemento fundamental en sus rituales litúrgicos, pues dicen que puede sanar tanto el cuerpo, como la mente y el espíritu, e influir en cualquier aspecto de la vida, sea físico o espiritual; sin embargo el uso del sonido como una entidad espiritual capaz de influir en la esencia de cualquier cosa no es exclusiva de estas religiones.

Regresando a las descendencias de Sem, Cam y Jafet; recordemos que uno de os hijos de Sem, Arfaxad es el antepasado de Abraham, primero llamado Abram. Arfaxad engendro a Sala, que engendro a Heber, Heber engendro a Peleg, y este engendro a Reu, que engendro a Serug, Serug engendro a Nacor, quien engendro a Taré y este engendro a Abram. La Biblia nos cuenta que Abram nació cerca del año 1900 a.C. en Ur de los Caldeos (al sur del actual Irak), en donde JHVH le ordeno que saliera hacia la tierra de Canaán, pues le daría esta tierra a su descendencia, la cual seria numerosa como las estrellas del cielo. Varias veces JHVH se manifiesta ante Abram declarándole que Él es el Dios todopoderoso, y recalcando las promesas en cuanto a su descendencia, por lo que Abram le rinde culto a JHVH levantando altares a Él en diferentes lugares. JHVH le promete a Abram que tendría un hijo, del cual su descendencia seria multiplicada como las estrellas del cielo, y le cambia el nombre por Abraham, que significa 'padre de multitudes'; sin embargo como la mujer de Abraham era estéril y avanzada de edad, este se apresura a tener un hijo con una de sus criadas que era egipcia, y le pone por nombre Ismael, quien es el padre de las doce tribus árabes, y de todo el pueblo árabe. Posteriormente Agar y su hijo Ismael huyeron de Abraham y JHVH se les presenta, diciéndoles que vuelvan donde Abraham, y les promete que la descendencia de Ismael también seria multiplicada, tanto que seria incontable; (de ahí que los Musulmanes reclamen la tierra de Canaán para ellos, pues creen que la promesa que JHVH le hizo a Abraham, era para Ismael (el primogénito de Abraham), y no para Isaac). Tiempo después JHVH hace un milagro en la mujer de Abraham, Sara, y le permite concebir y dar a luz un hijo, al que pusieron por nombre Isaac; este es señalado por la tradición judía como el hijo legitimo de la promesa de JHVH; su hijo Jacob, después llamado Israel por JHVH, es el padre de las doce tribus de Israel, y de todo el pueblo Israelita.

El pueblo de Israel termina cautivo en Egipto, alejados de su tierra prometida, Canaán; y es entonces cuando aparece Moisés, quien lidero la salida del pueblo de Israel de Egipto, al rededor del 1400 a.C. JHVH se le revela a Moisés en numerosas ocaciones, primero para comisionarlo del éxodo; y después para comunicarle sus leyes a su pueblo, y dejar su palabra por escrito.

Inicialmente fueron tallados en piedra “los diez mandamientos” que fueron guardados en “el arca del pacto”, un cofre sagrado que JHVH le indico a Moisés que construyera, y que estaría ubicado en “el tabernáculo”, un santuario móvil donde la presencia de JHVH se manifestaba.

En el primer libro de Samuel, el capitulo 4 dice: Aconteció que cuando el arca del pacto de JHVH llegó al campamento, todo Israel gritó con tan gran júbilo que la tierra tembló. [...] Y los filisteos tuvieron miedo, porque decían: Ha venido Dios al campamento. Y dijeron: ¡Ay de nosotros! pues antes de ahora no fue así. ¡Ay de nosotros! ¿Quién nos librará de la mano de estos dioses poderosos? Estos son los dioses que hirieron a Egipto con toda plaga en el desierto. (RVR 1960, 1 Samuel 4. 5, 7-8). En este pasaje se nos narra el momento en el que el arca del pacto fue traída desde Silo, al campamento de Israel, para que la presencia de JHVH los ayudara en la batalla contra los filisteos; cuando el arca llego al campamento, la alegría del pueblo fue tal, que empezaron a gritar con gran fuerza, tanto que la tierra tembló, y los filisteos tuvieron miedo pues pensaban que el Dios de Israel (de quien habían escuchado que desato las plagas en Egipto) había descendido a aquel lugar. El tremendo sonido que produjo el pueblo de Israel hizo temblar la tierra, y los filisteos lo compararon con la presencia del mismo Dios. Algo comparable se narra en el libro de Josué capitulo 6, cuando el pueblo de Israel llego a Jericó, y JHVH le indica a Josué que junto con todo el pueblo, y llevando el arca del pacto, rodeen la ciudad una vez por día durante seis días, y siete veces el séptimo día; y en el séptimo día, al rodear la ciudad por séptima vez, todo el pueblo debería gritar y los sacerdotes tocarían las bocinas hechas de cuerno de carnero, y entonces los muros de la ciudad caerían. El pueblo hizo tal como JHVH les indico, y en efecto, al séptimo día, al rodear la ciudad por séptima vez, los sacerdotes tocaron las bocinas y todo el pueblo grito con gran estruendo, y los muros de Jericó cayeron.

En estos textos podemos encontrar al pueblo de Israel haciendo uso del sonido como una herramienta poderosa para influir tanto en la materia como en el espíritu; pero no podemos dejar de lado que cualquier sonido no surte estos efectos, pues en los dos casos que he citado está presente una energía más trascendente que actúa a travez del sonido, y me refiero a la fe. En la segunda carta del apóstol Pablo a los corintios, en el capitulo 4 versículo 13 dice: Pero teniendo el mismo espíritu de fe, conforme a lo que está escrito: Creí, por lo cual hablé, nosotros también creemos, por lo cual también hablamos. (RVR 1960, 2 Corintios 4. 13). Aquí encontramos una clara explicación de la forma en la que la fe se manifiesta en nosotros, declarando y confesando con nuestra boca aquello que hemos creído; de la misma manera en que el pueblo de Israel, primero creyó en las palabras que JHVH les había hablado diciéndoles que ya les había entregado la ciudad de Jericó, luego marcharon con fe alrededor de la ciudad durante siete días, y al final abrieron sus bocas y gritaron con tal estruendo que el muro se derrumbo. Nada de esto habría sido posible, sin el elemento fundamental, la fe; incluso Jesús también enseño a sus discípulos, que si tenían fe, hablarían y se haría conforme ellos creyeran; pero siempre se resalta el acto de hablar, o proferir un sonido que sirva de vehículo para la fe y entonces esta pueda obrar. También en el libro de Romanos capitulo 10 versículos 17 la Biblia nos dice: Así que la fe es por el oír, y el oír, por la palabra de Dios. (RVR 1960, Romanos 10. 17), lo que nos deja ver que la fe se activa con el sonido, un sonido que primero nace de la creencia y la convicción en el corazón, y luego se produce con la boca (Romanos 10. 10); pero que dicha convicción a la vez nace de otro sonido, uno que viene del Creador, y es su palabra.

Ya en repetidas ocaciones he mencionado a lo largo de este libro, que toda la creación vino de la voz del Creador, y he citado diversos textos Bíblicos en los que se nos ratifica que, en efecto todo lo que existe fue producto de la palabra del Creador; Él mando y existió. También he hablado sobre la naturaleza ondulatoria de los elementos más básicos que conforman el universo, lo cual es descrito en diversas teorías científicas; y que todo esto puede finalmente relacionarse con un sonido que esta presente en la esencia de todo lo existente, e influye en todos los aspectos del universo, incluso en el acto mismo de su creación tanto en el ámbito físico como espiritual. Previamente hemos encontrado una analogía de este "sonido primordial" en las religiones indias, principalmente en el hinduismo y el budismo, que fueron fuertemente influenciadas por el pueblo Ario, descendientes de Jafet. En el hinduismo y el budismo, el mantra Om o Aum, es de gran protagonismo en sus actos litúrgicos, y parece utilizarse como un eje al rededor del cual se sitúan todas sus creencias y su fe; de hecho casi todos sus rezos y lecturas sagradas son precedidas por el Om, por lo que muchos investigadores afirman que este tiene una estrecha relación con el "Amén" (en escritura hebrea אמן) utilizado en el judaísmo, en el cristianismo, e incluso en el Islam (en este caso *Amin*; en árabe آمين).

La palabra hebrea *Amén* (אָמֵן) suele traducirse como 'así sea', sin embargo su significado puede ser más profundo que esto. En el libro de Juan capitulo 3 versículo 5 dice: Respondió Jesús: De cierto, de cierto te digo, que el que no naciere de agua y del Espíritu, no puede entrar en el reino de Dios. (RVR 1960, Juan 3. 5); en los escritos antiguos de los evangelios en griego la frase, "en verdad en verdad te digo" aparece como: Amén, amén lego (αμην αμην λεγω); lo que quiere decir que la palabra "amén" también puede traducirse como 'certeza' o 'verdad'. Otra explicación acerca del significado de la palabra "amén" afirma que esta surge como la contracción de la frase *Ani Ma'amin* (en escritura hebrea אֲנִי מַאֲמִין), que literalmente significa 'yo creo', siendo entonces "amén" una declaración de convicción y de fe. También en el Talmud (libro de enseñanzas en la tradición judía), "amén" aparece como un acronimo que forma la frase: Dios Rey Fiel (אל מלך נאמן).

La similitud del Amén hebreo con el mantra Om de los hinduistas, se hace más estrecha cuando la encontramos en otros contextos donde se le relaciona con la palabra de Dios, como es el caso de 2 de Corintios 1, 20 que dice: porque todas las promesas de Dios son en él Sí, y en él Amén, por medio de nosotros, para la gloria de Dios. (RVR 1960, 1 Corintios 1. 20); por lo cual a la palabra Amén también se le atribuye el significado de 'palabra de Dios', lo que nos lleva a recordar el texto en el evangelio de Juan que dice: En el principio era el Verbo, y el Verbo era con Dios, y el Verbo era Dios. (RVR 1960, Juan 1. 1), refiriéndose al hijo de Dios, Jesucristo, y al mismo tiempo a su palabra; y más adelante en el mismo capitulo de Juan (y en otros textos que cite al inicio de esta sección) se nos explica que el verbo, es decir la palabra de Dios, es decir Jesucristo, es la causa por la que todo lo que existe fue creado en un principio. En los escritos en griego de los evangelios, se utiliza la palabra *Logos* (λογος), que literalmente se puede traducir como 'palabra' o 'razón'; mas para los antiguos griegos su significado es más profundo, pues este significaba para ellos el estado máximo y pleno del conocimiento, de la razón, e incluso de la existencia misma; de este modo el objetivo final de la filosofía, era alcanzar el "logos". El hecho de que los escritores de los evangelios utilicen la palabra logos para referirse al hijo del Creador, como una manifestación de su palabra; nos deja ver el profundo significado que encierra la palabra del Creador, como la esencia y la sustancia de todo lo existente, y que encierra el conocimiento y la razón máxima que ordena y controla el universo. En Apocalipsis 3, 20 se hace referencia al hijo de Dios como "el Amén", y de nuevo se hace énfasis en que este es el principio de toda la creación. Pero ningún otro texto podría ser más claro que el que encontramos en Juan capitulo 14 y versículo 6 que dice: Jesús le dijo: Yo soy el camino, y la verdad, y la vida; nadie viene al Padre, sino por mí. (RVR 1960, Juan 14. 6). Esto concuerda perfectamente con todo lo que hemos venido observando a lo largo de esta sección; los símbolos trifásicos, incluido el hexagrama o estrella de David, simbolizando la trinidad del Creador, al tiempo que representan la eternidad y la union entre lo físico y lo espiritual; y la manifestación sonora de estos, como lo es el Om al que se le atribuyen los mismos significados; Jesús declara que Él mismo es ese puente entre lo terrenal y lo celestial, entre lo físico y lo espiritual, entre lo visible y lo invisible, entre lo efímero y lo eterno; Él es el AMÉN, la verdad, la fe que constituyo todo el universo, y el único camino hacia el Padre, pues "sin fe es imposible agradar a Dios" (Hebreos 11. 6); Él es el verbo hecho carne, es la luz, la palabra de Dios invisible, manifestada como una entidad visible (Genesis 1. 3; Juan 1. 1; Romanos 1. 20).

Ciertamente, y similar a los hinduistas, todas nuestras oraciones y lecturas suelen ser precedidas por la palabra Amén, como una declaración de fe, de que creemos lo que profesamos, y tenemos plena convicción de que a través de al fe, de Jesucristo, del Amén; podemos influir en la esencia de todo lo creado, sea material, mental o espiritual. "Es pues la fe, la certeza de lo que se espera y la convicción de lo que no se ve" (Hebreos 11. 1). La palabra del Creador, invisible y eterna, manifestada en la forma tangible de Jesucristo, y entregada a nosotros como la fe y en el Amén, es la energía que lo rige todo, que esta presente en toda la esencia del universo desde lo más pequeño e invisible hasta lo más grande y complejo; desde lo tangible hasta lo intangible, físico, mental y espiritual; es lo que da origen a la Creación, lo que la sustenta y que también en algún momento le dará fin, para que lo visible vuelva a lo invisible de donde salió, y lo efímero regrese a lo eterno de donde fue tomado. Este es el Sonido del Creador; es por esto que todo en la naturaleza se comporta y responde a comportamientos ondulatorios, pues la energía básica que lo conforma todo es precisamente un sonido, una vibración, la palabra de Dios.

En esto también radica el poder de la oración, como una forma de influir tanto en el mundo material como en el espiritual. La oración es una herramienta con la que podemos acceder al puente entre lo terrenal y lo celestial, es decir a Jesús, la palabra del Creador, el Amén; en otras palabras, a través de la oración podemos acceder al "Sonido del Creador", como si se tratara de una resonancia acústica, en la que las vibraciones de nuestras palabras en la oración, se sincronizan con las vibraciones del mundo tanto físico como espiritual, entrando en resonancia, poniéndonos en sintonía con el universo, y con el Creador mismo.

Los hinduistas y budistas creen que al pronunciar el Om pueden influir en la esencia de cualquier cosa material o espiritual; nosotros al pronunciar el Amén, no debemos ignorar el poder que este encierra, pues estamos tocando en las entrañas mismas del universo, moviendo la estructura que lo sustenta y gobierna; esa es nuestra fe, nuestra convicción, fundamentada en el que es el principio de toda la creación, por quien todo fue hecho, y para quien todo fue hecho; Jesucristo, la palabra del Creador, el AMÉN.

# APÉNDICE A: SOBRE LOS CONCEPTOS CIENTÍFICOS BÁSICOS DE LA FÍSICA MODERNA

## 1. LA TEORÍA DE LA RELATIVIDAD

La teoría de la relatividad de Einstein se divide en dos: La teoría de la relatividad especial, y la teoría de la relatividad general.

La teoría de la relatividad especial: Parte del *principio de relatividad galileana* según el cual las observaciones y mediciones de las magnitudes físicas de un fenómeno en particular, dependen de las condiciones del observador (en un sistema inercial, o acelerado).

Se define como sistema inercial, a aquel que se mueve con velocidad constante, bien sea porque esta quieto, o porque su velocidad de movimiento no cambia en el tiempo.

Si un sistema de referencia es acelerado, es decir que su velocidad va cambiando con el tiempo, la percepción de las magnitudes físicas desde esa referencia cambian respecto a un sistema inercial.

Ejemplo A.1. Dos autos van por una autopista, uno al lado del otro y en la misma dirección; uno de ellos va con velocidad constante 60 km/h, y el otro va acelerando a 5 km/h·s (aumenta su velocidad 5 km/h cada segundo). El primer auto a velocidad constante percibe su sistema como inercial, y ve que el otro auto va acelerando a 5 km/h cada segundo; mientras que el segundo auto, percibe su propio sistema como inercial, y observa que el primer auto va desacelerando a 5 km/h cada segundo (aunque en realidad va a velocidad constante 60 km/h).

Lo anterior es el principio de relatividad galileana, más conocido para nosotros, pues a diario percibimos que la manera en que observamos el movimiento de las cosas que nos rodean, dependen de nuestro propio estado de movimiento.

La relatividad especial, agrega el hecho de que la velocidad de la luz es la única magnitud física que no depende del observador. Tanto para observadores inerciales como acelerados la velocidad de la luz es siempre la misma; lo que conlleva a que el espacio y el tiempo en los que se mide dicha velocidad, deben cambiar.

Conforme un observador se va acercando a la velocidad de la luz, el espacio y el tiempo cambian, provocando que el observador siga midiendo la misma velocidad en un rayo de luz.

Ejemplo A.2. Si un astronauta despega en una nave a la velocidad de la luz, y al mismo tiempo a su lado se enciende una lampara, el rayo de luz emitido por la lampara rebasaría la nave del astronauta, de modo que si este intenta medir la velocidad del rayo, el resultado seria aproximadamente 300.000 km/s o "*c*" (la velocidad de la luz). Esto significa que el espacio para el astronauta se debe haber comprimido, y el tiempo dilatado lo suficiente, para que siga midiendo la misma velocidad en el rayo, que la que mediría un observador estacionario.

Las deformaciones en el espacio y el tiempo, conforme un observador se aproxima a la velocidad de la luz, esta dadas por las transformaciones de Lorentz.

## Transformaciones de Lorentz.

Consideremos un reloj construido con dos espejos, uno en frente del otro, y un rayo de luz rebotando entre ellos; cada vez que el rayo rebota en uno de los espejos marca un "tic" en el reloj. Un observador (A) lleva el reloj en su mano, mientras se mueve a velocidad constante (v); mientras que otro observador (B) que esta quieto, observa el movimiento de 'A' y del reloj. El primero, quien se mueve junto con el reloj, observa que el rayo de luz se mueve en una linea vertical hacia arriba y hacia abajo; por otro lado, la persona que esta quiera, observa que el rayo de luz recorre una distancia mayor y en diagonal entre los dos espejos a medida que el reloj se mueve (ver figura A.1).

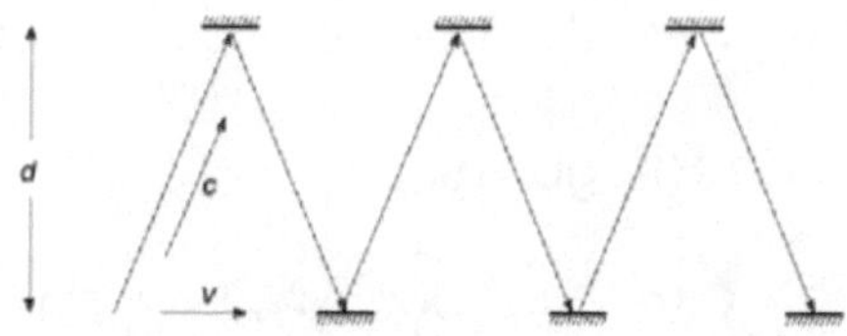


Figura A.1

Ya que el rayo de luz, obviamente se mueve a la velocidad de la luz *c*, el tiempo que tarda el reloj en hacer tic para el observador 'A' es:

$$Velocidad = \frac{distancia}{tiempo}$$

$$Tiempo = \frac{distancia}{velocidad}$$

$$\Delta t = \frac{\Delta X}{c}$$

Para calcular el tiempo que tarda el reloj en hacer tic para el observador 'B', debemos construir un triangulo rectángulo, donde la distancia que recorre el rayo para 'B' es la hipotenusa, la distancia entre los espejos es uno de los catetos, y el desplazamiento del reloj en el tiempo de un tic, el otro cateto.

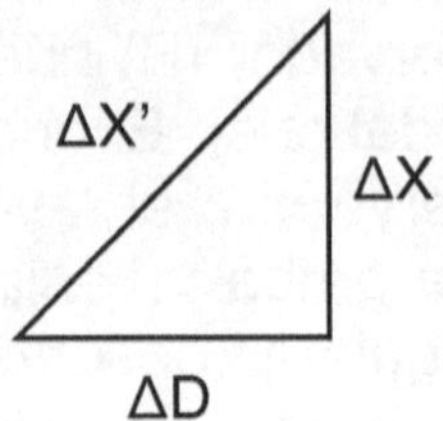


$\Delta X = c \cdot \Delta t$ … (Para el observador A)
$\Delta X' = c \cdot \Delta t'$ … (Para el observador B)
$\Delta D = v \cdot \Delta t'$ … (Para el observador B)

Por teorema de Pitágoras.

$$(\Delta X')^2 = (\Delta X)^2 + (\Delta D)^2$$

$$\Delta X' = \sqrt{(\Delta X)^2 + (\Delta D)^2}$$

$$c\Delta t' = \sqrt{(c\Delta t)^2 + (v\Delta t')^2}$$

$$\Delta t' = \frac{\sqrt{(c\Delta t)^2 + (v\Delta t')^2}}{c}$$

$$\Delta t' = \sqrt{\frac{(c\Delta t)^2}{c^2} + \frac{(v\Delta t')^2}{c^2}}$$

$$\Delta t' = \sqrt{(\Delta t)^2 + \frac{(v\Delta t')^2}{c^2}}$$

$$\Delta t = \sqrt{(\Delta t')^2 - \frac{(v\Delta t')^2}{c^2}}$$

$$\Delta t = \sqrt{(\Delta t')^2 - \frac{v^2}{c^2}(\Delta t')^2}$$

$$\Delta t = \sqrt{(\Delta t')^2\left(1 - \frac{v^2}{c^2}\right)}$$

$$\Delta t = \Delta t'\sqrt{1 - \frac{v^2}{c^2}}$$

$$\Delta t' = \Delta t\frac{1}{\sqrt{1 - \frac{v^2}{c^2}}}$$

De esta ecuación podemos observar que el tiempo Δt' (el tiempo que percibe el observador B en el reloj de luz), se dilata respecto a Δt (el tiempo que percibe el observador A en el reloj de luz) en función del termino $1/\sqrt{1 - v^2/c^2}$, que se conoce como factor de Lorentz, o factor Gamma ($\gamma$).

$$\gamma = \frac{1}{\sqrt{1 - \frac{v^2}{c^2}}}$$

$$\Delta t' = \Delta t \gamma$$

(*Dilatación temporal de Lorentz*)

Ya que el observador A, se mueve junto con el reloj, este no percibe dilatación en el tiempo que tarda el reloj en hacer tic; sin embargo el observado B si observa una dilatación temporal en el reloj en movimiento.

Ejemplo A.3. Si el observador A se mueve con una velocidad constante v=100.000 km/s la dilatación temporal que observa B esta dada por:

$$\gamma = \frac{1}{\sqrt{1 - \frac{v^2}{c^2}}} = \frac{1}{\sqrt{1 - \frac{100000^2}{300000^2}}} = 1.06066$$

Es decir que el tiempo que perciba el observador B, será el tiempo que percibe A dilatado un 106% aproximadamente, por ejemplo 60 segundos para A, el observador B los percibiría como 63,6 segundos aproximadamente. Es notable que para que la dilatación temporal sea significativa, debemos ir a velocidades muy altas, cercanas a la de la luz.

De la misma manera se expresa la ecuación para la contracción espacial.

$$L_1 = \frac{L_0}{\gamma}$$ (*contracción de Lorentz*)

Donde $L_1$ es la longitud que mide un observador en movimiento con respecto a lo que mide, y $L_0$ es la longitud que mide un observador en el mismo sistema de referencia de lo que mide.

La relatividad especial también incluye el concepto de equivalencia masa-energía; con la cual se demuestra que la masa es una forma de energía y viceversa, y a la vez establece que la velocidad de la luz es un limite cósmico que no se puede rebasar, pues hacerlo requeriría energía infinita.

Equivalencia masa-energía

Parte del concepto clásico de trabajo, el cual expresa que:

$$W = \int \vec{F} d\vec{x} \quad \text{(\textit{Definición de trabajo})}$$

$$E_k = \int \vec{F} d\vec{x} \quad (1)$$

Donde W es el trabajo, $E_k$ es la energía cinética, $\vec{F}$ es el vector fuerza y $d\vec{x}$ es el diferencial de desplazamiento.

Segunda Ley de Newton:

$$\vec{F} = m\vec{a}$$

$$\vec{F} = m\frac{d\vec{v}}{dt}$$

$$\vec{F} = \frac{dp}{dt}$$

Donde $m$ es la masa, $\overrightarrow{a}$ es el vector aceleración, $\overrightarrow{v}$ es el vector velocidad y $p$ es el momento lineal.

Reemplazando en (1):

$$E_k = \int \frac{dp}{dt} d\overrightarrow{x}$$

$$\left( \frac{d\overrightarrow{x}}{dt} = \overrightarrow{v} \right)$$

$$E_k = \int \overrightarrow{v} dp \qquad (2)$$

Definición del momento lineal relativista:

$$p = \gamma m_0 v$$

Donde $m_0$ es la masa en reposo.

$$\frac{dp}{dv} = m_0 \left( \frac{dv}{dv}\gamma + \frac{d\gamma}{dv} v \right)$$

(*procedimiento omitido*)

$$dp = \frac{m_0}{\left(1 - \frac{v^2}{c^2}\right)^{\frac{3}{2}}} dv$$

Reemplazando en (2)

$$E_k = \int \frac{\overrightarrow{v} m_0}{\left(1 - \frac{v^2}{c^2}\right)^{\frac{3}{2}}} dv$$

Resolviendo y evaluando la integral:

$$E_k = m_0c^2 \left[ \frac{1}{\sqrt{1 - \frac{v^2}{c^2}}} \right]_0^v$$

$$E_k = m_0c^2 \left[\gamma\right]_0^v$$

$$E_k = \gamma m_0c^2 - m_0c^2$$

$$E_k = E - E_0$$

Donde $E$ es la energía total y $E_0$ es la energía en reposo.

$$m = \gamma m_0$$

(*Definición de masa relativista*)

$$E = E_k + E_0$$

$$\underline{E = mc^2}$$

La teoría de la relatividad general: utiliza los conceptos de la relatividad especial, y los une con la ley de gravitación universal de Newton; afirmando que los cuerpos masivos como planetas y estrellas también deforman el espacio-tiempo.

$$F = G\frac{m_1m_2}{r^2}$$

(*Ley de gravitación universal de Newton*)

La ecuación que describe la curvatura del espacio tiempo por la presencia de cuerpos masivos se expresa así.

$$G_{\mu\nu} = \frac{8\pi G}{c^4} T_{\mu\nu}$$

(*Ecuación de campo gravitacional de Einstein*)

Donde $G$ es la constante gravitacional, los subíndices $\mu\nu$ representan un tensor de espacio-tiempo ($\mu$ para las dimensiones espaciales y $\nu$ para la dimensión temporal), $G_{\mu\nu}$ describe la curvatura del espacio-tiempo en un punto y $T_{\mu\nu}$ describe la distribución de materia en ese punto.

$$G_{\mu\nu} = R_{\mu\nu} - \frac{1}{2} R g_{\mu\nu} + \Lambda g_{\mu\nu}$$

(*Tensor de curvatura de Einstein*)

Donde $R_{\mu\nu}$ es un tensor de curvatura, $R$ es un escalar de curvatura y $\Lambda$ es la constante cosmológica.

La ecuación de campo de Einstein queda:

$$R_{\mu\nu} - \frac{1}{2} R g_{\mu\nu} + \Lambda g_{\mu\nu} = \frac{8\pi G}{c^4} T_{\mu\nu}$$

Esta ecuación describe la curvatura del espacio-tiempo causada por la masa de un cuerpo como un planeta, estrella, agujero negro, etc.

## 2. EL MODELO ESTÁNDAR

El modelo estándar de la física de partículas, es una teoría de campos cuánticos, que describe las partículas elementales que forman la materia y la energía, y las interacciones entre ellas por medio de otras partículas portadoras de las fuerzas fundamentales y por lo tanto quienes conforman los campos de interacción electromagnéticos, nucleares y el campo de Higgs.

El modelo estándar consta de 2 grupos principales.

Fermiones.

Son las partículas que conforman la materia y la energía y se caracterizan por tener spin semientero 1/2. A su vez se dividen en dos grupos.

- Quarks: Son los que conforman los hadrones, que son de dos tipos: los bariones (entre los que están los protones y neutrones), los cuales están compuestos por tres quarks; y los mesones, que están compuestos solo por un quark y un anti-quark. Existen seis tipos de quarks, con sus seis respectivas antipartículas.
  * Up (arriba) - [u]
  * Down (abajo) - [d]
  * Charme (encanto) - [c]
  * Strange (extraño) - [s]
  * Top (cima) - [t]
  * Bottom (fondo) - [b]
- Leptones: Son particular principalmente energéticas. Hay seis tipos de leptones y sus respectivas antipartículas.
  * Electrón - [$e$]
  * Muón - [$\mu$]
  * Tau - [$\tau$]
  * Neutrino electrónico - [$\nu_e$]

* Neutrino Muónico - [$\nu_\mu$]
* Neutrino Tauónico - [$\nu_\tau$]

Bosones.

Son las partículas portadoras de las fuerzas fundamentales y se caracterizan por tener spin entero 1. Las fuerzas fundamentales que se incluyen en el modelo estándar (exceptuando la gravedad) son:

- Fuerza electromagnética: Es responsable de todos los fenómenos eléctricos y magnéticos, incluida la luz. La partícula portadora de esta fuerza es el fotón ($\gamma$).
- Fuerza nuclear fuerte: Es la responsable de las interacciones fuertes entre los quarks, uniéndolos y formando los hadrones; también es gracias a la fuerza nuclear fuerte que los núcleos atómicos permanecen unidos. La partícula portadora de esta fuerza es el gluón (*g*).
- Fuerza nuclear débil: También llamada interacción débil, es la que causa que algunos núcleos atómicos inestables emitan radiación, fenómeno conocido como 'radiactividad'; también interactúa con los neutrinos, haciendo que estos sean emitidos por neutrones o protones. Las partículas portadoras de la fuerza débil son los bosones W y Z.

Los bosones también incluyen al bosón de Higgs (H), el cual es el elemento básico del campo de Higgs, que al interactuar con las demás partículas les otorga la propiedad de masa. En síntesis cuando las partículas interactúan con el campo de Higgs, algunas lo hacen más fuertemente que otras; las partículas que casi no interactúan con el campo de Higgs son las que tienen menos masa, y por lo tanto mayor energía; mientras que las partículas que interactúan más fuertemente con el campo de Higgs, tienen mayor masa y menos energía.

## 3. DUALIDAD ONDA PARTÍCULA

La dualidad onda partícula es un fenómeno cuántico en el que las partículas se comportan como ondas bajo ciertas condiciones, y como partículas bajo otras. El primer acercamiento a este fenómeno fue a través del experimento de Thomas Young en 1801 quien inicialmente lo hizo con luz, concluyendo que esta era una onda; pero posteriormente el mismo experimento se realizo con otras partículas como los electrones, demostrando el mismo comportamiento.

Al hacer pasar un haz de partículas (cuánticas) a travez de un par de rendijas y detectando en una pantalla, se observa un patrón de interferencia (ver figura A.2); un comportamiento esperado de una onda, mas no de las partículas.

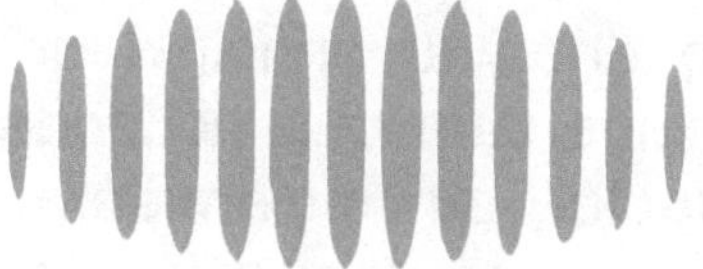

Figura A.2

Debido a la naturaleza de las ondas, cuando estas interactúan entre si, los valores de ondulación se suman; aumentando, disminuyendo, o incluso cancelándose; es precisamente esto lo que provoca el patrón de interferencia, pues en unos puntos las ondas se suman, y en otras se cancelan.

Sin embargo, y retomando el experimento de la doble rendija, cuando disparamos el haz de partículas sabemos que allí hay una gran cantidad de partículas, de modo que es posible que al pasar por las rendijas choquen y reboten entre ellas, causando así el patrón de interferencia. Para comprobar esta hipótesis, cambiamos de disparar un haz de muchas partículas, a dispararlas una por una, de tal forma que no haya otras partículas con las que interactúen; sin embargo el resultado sigue siendo el mismo, lo que insinúa que cada partícula podría estar pasando por ambas rendijas a la vez e interactuar con sigo misma.

Para estar totalmente seguros de lo que esta pasando, ponemos un detector en las rendijas para ver por cual de las dos pasa cada partícula que disparamos; pero entonces el resultado cambia, y ya no se observa el patrón de interferencia en la pantalla detectora. En este caso, cada partícula que disparamos pasa solo por una de las rendijas, y choca contra la pantalla detectora; al final tenemos dos franjas en la pantalla, correspondientes a las dos rendijas. Al parecer las partículas saben que las están observando, y deciden actuar diferente, ya no como ondas, sino como partículas.

Lo anterior se debe al principio de incertidumbre de Heisenberg, que nos dice que no podemos detectar una partícula sin afectar su movimiento; puesto que las partículas cuánticas son tan pequeñas, que hace falta bombardearlas con otras partículas para poder “verlas”.

Aunque al principio fue todo un misterio, posteriormente la dualidad onda partícula se interpreta como que las partículas no son elementos puntuales, si no que son distribuciones ondulatorias de energía; y que bajo ciertas condiciones, la función de onda de una partícula determinada se entiende como la probabilidad de encontrar a la partícula (como un elemento puntual) en un lugar u otro.

Ejemplo A.4. Dada la siguiente función de onda…

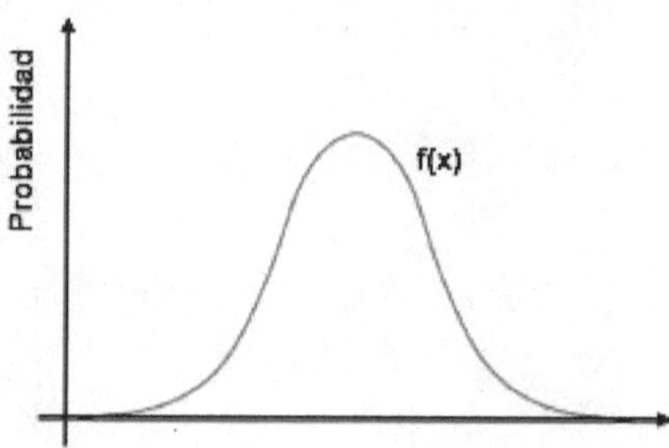


Podemos decir que es más probable encontrar la partícula en el punto donde la función alcanza su valor máximo, y será menos probable en los demás puntos, proporcionalmente al valor que tome la función. Podemos concluir entonces que la función de onda es una distribución de probabilidad de la posición de una partícula determinada.

# APÉNDICE B: SOBRE ALGUNOS CONCEPTOS LINGÜÍSTICOS USADOS EN EL ÁMBITO TEOLÓGICO

## 1. ALFABETO FENICIO

El alfabeto fenicio es el predecesor de las escrituras, hebrea, aramea, griega y latín. Es consonántico, es decir que solo usa consonantes (ver figura B.1).

Figura B.1

Las letras Aleph, Beth, Gimel, etc. Son las equivalentes a las del alfabeto hebreo.

## 2. ESCRITURA HEBREA

Luego de que los pueblos semíticos utilizaran el alfabeto fenicio para escribir su propia lengua, adoptaron su propia forma de escritura: el hebreo cuadrado o *Ashuri* (ver figura B.2); que nació en babilonia e inicialmente no correspondía a ninguna lengua hablada, mientras que el hebreo no tenia escritura propia.

Figura B.2

El hebreo se escribe de derecha a izquierda, y al igual que el alfabeto fenicio, es consonántico; aunque posteriormente se le incluyo un sistema de puntos vocales, para escribir la pronunciación (ver tabla B.1).

| A | אָ | אַ | אֲ | |
|---|---|---|---|---|
| E | אֵ | אֶ | אֱ | אְ |
| I | אִ | | | |
| O | אֹ | אֳ | וֹ | |
| U | אֻ | וּ | | |

Tabla B.1

## 3. ESCRITURA GRIEGA

Al igual que el hebreo, el griego antiguo también utilizaba el alfabeto fenicio; de modo que “aleph” se convierte en “alfa”, “beth” se convierte en “beta”, “gimel” se convierte en “gamma”, y así sucesivamente. El alfabeto griego (ver figura B.3) es el primero considerado como un alfabeto completo, asignando un sonido a cada vocal y a cada consonante.

| α | β | γ | δ | ε | ζ |
|---|---|---|---|---|---|
| Alpha | Beta | Gamma | Delta | Epsilon | Zeta |
| η | θ | ι | κ | λ | μ |
| Eta | Theta | Lota | Kappa | Lambda | Mu |
| ν | ξ | ο | π | ρ | σ |
| Nu | Xi | Omicron | Pi | Rho | Sigma |
| τ | υ | φ | χ | ψ | ω |
| Tau | Upsilon | Phi | Chi | Psi | Omega |

Figura B.3

El idioma griego, luego evoluciono al latín, del que desciende nuestra propia lengua (el español); de ahí que muchos de los términos que utilizamos en nuestro idioma tengan su raíz en el latín o el griego.

## 4. EL TETRAGRAMATÓN

Se conoce como “tetragramatón”, al nombre con el que se diferencia el Dios hebreo de los demás dioses. Las cuatro letras hebreas יהוה (Iod, He, Vau, He) transcritas al alfabeto latino como JHVH o YHVH o YHWH; conforman el nombre de Dios. La pronunciación real del tetragramatón es desconocida, pues el hebreo antiguo no usaba vocales, y en la tradición Judía esta prohibido pronunciar el nombre sagrado de Dios en publico.

En escritura fenicia el tetragramatón se escribe:

𐤉𐤄𐤅𐤄

Se dice que el tetragramatón es la conjugación del verbo *hayah* (היה), que literalmente significa 'ser' o 'estar'; en pasado, presente y futuro; algo claramente impronunciable. Es decir que el tetragramatón podría traducirse como 'el que era, es y será'. Además el verbo "hayah" en hebreo parece tener un significado más profundo, al referirse a una existencia totalmente independiente de una causa o causas externas a ella misma; en otras palabras "existe por si misma". Dicho esto podemos traducir el significado del tetragramatón como 'el que era/es/será por si mismo'.

En el antiguo testamento Dios se presenta a sí mismo como "YO SOY EL QUE SOY" (Éxodo 3. 14), haciendo alusión a que su existencia es por si misma, independiente de causas externas; mientras que en el nuevo testamento se presenta como "el principio y el fin", "el alfa y la omega". Lo curioso es que algunos manuscritos griegos del antiguo testamento transcriben, el tetragramatón como IAOUEH (Ιαωουηε), o en una forma abreviada IAO (Ιαω: Iota, alfa y omega).

Algunas pronunciaciones han sido propuestas para el tetragramatón (siendo ninguna de estas la pronunciación real, sino solo aproximaciones), entre las que se encuentran, JaHVeH o YaHVeH, JeHoVaH, YaHUaH o YaHVaH, YaHUH entre otros.

En particular la pronunciación YAHUH aparece en los nombres de algunos personajes Bíblicos, como Elias (Eliyahu, que significa 'Mi Dios es YAHU'), Isaías

(Ishayahu, que significa 'Salvación de YAHU'), Jeremías (Yiremiyahu, que significa 'YAHU ensalza'), incluso en el nombre de Jesús, cuya forma en hebreo más conocida es YESHUAH (יֵשׁוּעַ), la cual es una abreviación del nombre completo de Jesús y significa 'Salvación'; YAHUSHUAH (יָהוּשֻׁעַ) es la forma completa y su significado es 'YAHU es salvación'. Aun con todo esto, no se puede afirmar que YAHUH o cualquier otra pronunciación propuesta para el tetragramatón, sea la pronunciación real del nombre de Dios.

La forma griega del tetragramatón IAO (Ιαω), hace énfasis en la manera en la que se presenta Dios en el nuevo testamento, como el alfa (α) y la omega (ω); mientras que la forma completa IAOUEH (Ιαωουηε), tiene cierta similitud con la pronunciación en hebreo YAHVEH (יָהְוֶה).

El tetragramatón también se usa en la forma abreviada JAH (יה) para significar simplemente 'Dios'. Aparece en términos como Aleluya o AleluYAH, que en ingles es HalleluJAH (הַלְלוּיָה) y significa 'Alabad a JAH (Dios)'.

# APÉNDICE C: SOBRE ALGUNAS ECUACIONES USADAS EN LA FÍSICA CUÁNTICA

## 1. LA ECUACIÓN DE SCHRÖDINGER

La ecuación de Schrödinger pretende incluir el concepto sobre la naturaleza ondulatoria de los sistemas cuánticos, en la definición clásica de la energía de un sistema.

Partiendo de la expresión para la ecuación de onda tenemos.

$$\nabla^2 \Psi = \frac{1}{c^2}\frac{\partial^2 \Psi}{\partial t^2} \qquad (\textit{Ecuación de onda})$$

$$\nabla^2 = \frac{\partial^2}{\partial x^2} + \frac{\partial^2}{\partial y^2} + \frac{\partial^2}{\partial z^2} \qquad (\textit{Laplaciano})$$

$$\Psi = \psi_{(x)} e^{j\omega t} \qquad (\textit{Función de onda})$$

Reemplazando en la ecuación de onda:

$$\nabla^2 \psi_{(x)} e^{j\omega t} = \frac{1}{c^2}\frac{\partial^2}{\partial t^2}\psi_{(x)} e^{j\omega t}$$

Para simplificar el calculo, en lugar del laplaciano evaluamos solo la derivada parcial en la dimensión de X.

$$\frac{\partial^2}{\partial x^2}\psi_{(x)} e^{j\omega t} = \frac{1}{c^2}\frac{\partial^2}{\partial t^2}\psi_{(x)} e^{j\omega t}$$

$$e^{j\omega t}\frac{\partial^2}{\partial x^2}\psi_{(x)} = \frac{(j\omega)^2}{c^2}\psi_{(x)}e^{j\omega t} \quad (1)$$

La velocidad de propagación de una onda es igual a la longitud de onda por la frecuencia.

$$c = \lambda f$$

$$\omega = 2\pi f$$

$$c = \lambda\frac{\omega}{2\pi}$$

$$\frac{\omega}{c} = \frac{2\pi}{\lambda}$$

Reemplazando en (1):

$$\frac{\partial^2}{\partial x^2}\psi_{(x)} = -\frac{4\pi^2}{\lambda^2}\psi_{(x)} \quad (2)$$

Igualando la ecuación de Planck con la equivalencia masa-energía de Einstein.

$$E = hf = mc^2$$

$$h = \frac{mc^2}{f} = \lambda mc$$

$$\lambda = \frac{h}{mc}$$

Reemplazando en (2):

$$\frac{\partial^2}{\partial x^2}\psi_{(x)} = -\frac{4\pi^2 m^2 c^2}{h^2}\psi_{(x)}$$

$$\hbar = \frac{h}{2\pi}$$

$$\frac{\partial^2}{\partial x^2}\psi_{(x)} = -\frac{m^2 c^2}{\hbar^2}\psi_{(x)}$$

La definición clásica de energía cinética es:

$$E_k = \frac{1}{2}mv^2$$

En este caso la velocidad es la de la luz, por lo tanto.

$$\frac{1}{2}\frac{\partial^2}{\partial x^2}\psi_{(x)} = -\frac{1}{2}\frac{m^2 c^2}{\hbar^2}\psi_{(x)}$$

$$\frac{1}{2}\frac{\partial^2}{\partial x^2}\psi_{(x)} = -E_k\frac{m}{\hbar^2}\psi_{(x)}$$

$$\hat{E}_k = -\frac{\hbar^2}{2m}\frac{\partial^2}{\partial x^2}$$ (*Operador Energía Cinética*)

Se define el operador Hamiltoniano como la suma de la energía cinética y la potencial, es decir la energía total del sistema.

$$\hat{H} = E_k + V = E$$

$$E = hf = \hbar\omega$$

$$\frac{\partial \Psi}{\partial t} = j\omega\Psi$$

multiplicando a ambos lados por $\hbar / j$

$$\frac{\hbar}{j}\frac{\partial \Psi}{\partial t} = \frac{\hbar}{j} j\omega\Psi$$

$$\frac{\hbar}{j}\frac{\partial \Psi}{\partial t} = \hbar\omega\Psi = E\Psi = H\Psi$$

$$H\Psi = j\hbar\frac{\partial \Psi}{\partial t} \quad => \quad (E_k + V)\Psi = j\hbar\frac{\partial \Psi}{\partial t}$$

$$\left(-\frac{\hbar^2}{2m}\frac{\partial^2}{\partial x^2} + V\right)\Psi = j\hbar\frac{\partial \Psi}{\partial t}$$

Forma general en tres dimensiones espaciales.

$$\left(-\frac{\hbar^2}{2m}\nabla^2 + V\right)\Psi = j\hbar\frac{\partial \Psi}{\partial t}$$

(*Ecuación de Schrödinger*)

## 2. LA ECUACIÓN DE DIRAC

La ecuación de Schrödinger no es relativista, por lo cual Paul Dirac propuso una solución para expresarla en una forma más general y que se aplicara a condiciones relativistas. Para esto Dirac incluyo la definición de momento relativista.

$$\hat{p} = -j\hbar\frac{\partial}{\partial x}$$

En general para tres dimensiones

$$\hat{p} = -j\hbar\nabla$$

Otra forma de expresar la equivalencia masa-energía de Einstein es:

$$E^2 = \left(mc^2\right)^2 + \left(pc\right)^2$$

$$E = \sqrt{\left(mc^2\right)^2 + \left(pc\right)^2}$$

$$E = \sqrt{\left(mc^2\right)^2 - \hbar^2\nabla^2 c^2}$$

El problema con la ecuación de Schrödinger es que el Hamiltoniano esta en términos de derivadas espaciales de segundo orden, mientras que la derivada temporal al otro lado de la ecuación, es de primer orden; esto impide tratar la ecuación en términos relativistas, pues la relatividad especial trata por igual al tiempo y al espacio. Para resolver esto Dirac propone que en la ecuación de la equivalencia masa-energía, la cantidad dentro de la raíz cuadrada sea un cuadrado perfecto; es decir.

$$\left(\left(mc^2\right)^2 - \hbar^2\nabla^2 c^2\right) = \left(\beta\left(mc^2\right) - \alpha\hbar\nabla c\right)^2$$

Donde $\alpha$ y $\beta$ son constantes que se deben calcular para que la igualdad se cumpla; sin embargo ningún valor numérico de estos hace cumplir la ecuación; aun así Dirac encontró que si se remplazaban no por números, si no por matrices, la ecuación tenia solución.

Las matrices utilizadas por Dirac para remover la ecuación se conocen como matrices gamma ($\gamma$), y son de la forma:

$$\beta = \begin{bmatrix} 1 & 0 & 0 & 0 \\ 0 & 1 & 0 & 0 \\ 0 & 0 & -1 & 0 \\ 0 & 0 & 0 & -1 \end{bmatrix} \quad \alpha_x = \begin{bmatrix} 0 & 0 & 0 & 1 \\ 0 & 0 & 1 & 0 \\ 0 & 1 & 0 & 0 \\ 1 & 0 & 0 & 0 \end{bmatrix}$$

$$\alpha_y = \begin{bmatrix} 0 & 0 & 0 & -i \\ 0 & 0 & i & 0 \\ 0 & -i & 0 & 0 \\ i & 0 & 0 & 0 \end{bmatrix} \quad \alpha_z = \begin{bmatrix} 0 & 0 & 1 & 0 \\ 0 & 0 & 0 & -1 \\ 1 & 0 & 0 & 0 \\ 0 & -1 & 0 & 0 \end{bmatrix}$$

Reemplazando estos valores, la ecuación de Schrödinger queda.

$$\sqrt{\left(\beta\left(mc^2\right) - \alpha\hbar\nabla c\right)^2}\ \Psi = j\hbar\frac{\partial\Psi}{\partial t}$$

$$\left(\beta\left(mc^2\right) - \alpha\hbar\nabla c\right)\ \Psi = j\hbar\frac{\partial\Psi}{\partial t}$$

$$\left(\beta mc^2 - \alpha\hbar\nabla c - j\hbar\frac{\partial}{\partial t}\right)\ \Psi = 0$$

Multiplicando a ambos lados por $\beta$ y agrupando los términos.

$$\left(\beta^2 mc^2 - \hbar\left(\alpha\beta\nabla c + j\beta\frac{\partial}{\partial t}\right)\right)\Psi = 0$$

$$\beta = \gamma_t \qquad \alpha\beta = \gamma_{x,y,z} \qquad \beta^2 = 1$$

$$\left( mc^2 - \hbar \left( \gamma_{x,y,z} \nabla c + j\gamma_t \frac{\partial}{\partial t} \right) \right) \Psi = 0$$

$$\hbar = c = 1$$

$$\left( j\gamma\partial - m \right) \Psi = 0$$

(*Ecuación de Dirac*)

Donde $\gamma$ representa a las matrices gamma y $\partial$ representa las derivadas espacio-temporales.

www.ingramcontent.com/pod-product-compliance
Lightning Source LLC
LaVergne TN
LVHW101920220826
846093LV00009B/316

* 9 7 8 1 9 8 0 4 4 2 4 6 2 *